大学物理教学改革与实践研究

汪源源◎著

中国纺织出版社有限公司

图书在版编目（CIP）数据

大学物理教学改革与实践研究 / 汪源源著. -- 北京：中国纺织出版社有限公司，2022.12
ISBN 978-7-5229-0171-8

Ⅰ. ①大… Ⅱ. ①汪… Ⅲ. ①物理学-教学改革-高等学校 Ⅳ. ①04-42

中国版本图书馆CIP数据核字（2022）第242981号

责任编辑：赵晓红　　责任校对：高　涵　　责任印制：储志伟

中国纺织出版社有限公司出版发行
地址：北京市朝阳区百子湾东里A407号楼　邮政编码：100124
销售电话：010—67004422　传真：010—87155801
http: //www.c-textilep. com
中国纺织出版社天猫旗舰店
官方微博http://weibo.com/211988777
天津千鹤文化传播有限公司印刷　各地新华书店经销
2022年12月第1版第1次印刷
开本：710×1000　1 / 16　印张：14.5
字数：200千字　定价：99.90元

前言

/ PREFACE /

物理学是自然科学中最为基础的学科，也是理工科专业的基础课程。提高大学物理教育质量，对于我国高等教育体系具有极其重要的价值。研究大学物理教育教学的改革与发展，对于把握物理教育、教学规律，推动物理教育改革，提高物理教育水平都具有重要的指导作用和深远的历史意义；物理教学对于培养和提高学生的科学思维方式和创新能力发挥着极其重要的作用。物理教学效果直接影响大学生后续专业课程的学习及其终身的发展。

然而，近年来国内诸多高等学校中，物理已经被许多学生贴上了繁重、沉闷、无聊、被动、机械等标签，这主要是因为学生沉重的课业和考试压力。一方面，学生在数年累积的学习过程中并未真正体会到学以致用，对身边的技术没有一点儿概念，学而不知学有何用；另一方面，我们过多地关注学生的成绩，而非学生脑力劳动过程的感受，这是教育上的短视和急功近利。传统的物理教学中将学习的重心放在物理公式的推导、记忆和使用上，却忽视了学生对物理现象本质的思考。尽管这种物理教学方法可以让学生在习题练习和考试中解答看似疑难的物理计算题，但是学生往往会出现对基本物理概念理解的匮乏，甚至出现由于对物理规律和定理理解不够，适用范围不明时而胡乱套用物理公式的现象。我国的传统教育依然存在着教条化、静态化以及脱离学生主体等弊端。

正因为传统教育存在着各种各样的弊端，很多教育工作者和高等学校也在努力尝试新的教学方式，并提出了很多有益的教学模式，如"三三六""先学后教，当堂训练"等，引起了业界的广泛关注。然而，各个地区的教育实际情况存在着差异，致使这些很有效的教学模式很难被推广。因此，需要进一步明确普通大学教育的定位，优化课程结构，制定学业质量标准，明确学生物理学科学习的任务和学科素养应该达到的水平，着重培养和提高全体学生的物理观念、科学思维、科学探究、科学态度与责任。这对提高教育教学质量、加强学生对物理规律和定理的理解、促进学生的全面发展具有积极的意义。

汪源源

2022 年 7 月

目录

/ CONTENTS /

第一章 绪论

第一节 物理学导论

一、物理学概述

(一)什么是物理学

物理学是研究物质结构和相互作用以及物质运动规律的科学,也是关于自然界最基本形态的科学。可以说,物理学的发展过程就是人类对整个客观物质世界的认识过程。

一切客观存在都是物质和物质的运动,物理学所研究的物质可以分为“实物”和“场”两类。物质是由原子、分子组成的,原子是由原子核和电子构成的,而原子核又是由更小的粒子——质子和中子构成的,它们都属于实物,实物之间的相互作用是通过场来实现的,实物之间存在多种相互作用场,场作为物质的存在形式具有质量、动量和能量。此外,物理学家还推测宇宙中存在暗物质或非重子类的物质,运动是物质的固有属性,物质的运动形式又是多种多样的,物理学研究物质的组成和物质之间的相互作用,以及由此确定的最基本、最普遍的运动形式,因而物理学规律具有极大的普遍性,是当代科学技术的支柱。正如第23届国际纯粹与应用物理联合会(IUPAP)代表大会决议中指出的,物理学的发展决定着未来技术进步所需要的基本知识,它是一项激动人心的智力探险活动,鼓励人们努力扩展和深化对大自然的理解。

(二)物理学与科学技术

物理学较为成熟的重大理论有五种,而自然界发生的形形色色的物理现象都可以归结到这五大理论所涉及的物理领域:①经典力学,即研究宏观物体的低速运动;②热力学与经典统计物理学,即研究热、功、温度和大量微观粒子的统计规律;③电磁学,包括电学、磁学和电磁场理论；④狭义相对论，即研究物质高速运动的理论；⑤量子力学，即描述微观粒子的运动规律。

经典力学和热力学理论的建立，使人类社会实现了工业机械化；经典电磁理论的建立，使人类社会实现了工业电气化；而相对论和量子力学的建立，更使人类社会进入了核能时代和工业自动化时代。实际上，物理学这五大理论共同支撑着当今高新技术的发展，物理学是高新技术的先导和基础，同时高新技术的发展为物理学提供了先进的手段，提出了层出不穷的研究课题。

如今，物理学正向三个方面深入发展：①向微观世界的深层；②向广阔无垠的宇宙；③向其他学科的渗透。由此形成了众多的分支学科，如物理学与生命科学、生物工程技术，物理学与信息科学技术，物理学与材料科学技术、物理学与能源技术、环境科学等。物理学是进入任何一个科学技术领域首先要推开的一扇大门，现代科技人员不仅需要具备扎实的物理基础知识，还需要具备现代物理科学观念和思想方法，这也是物理学被列为高等院校工科专业重点基础课的原因。

二、物理学方法

(一)物理学是一门实验科学

物理学是一门理论和实验高度结合的科学，物理学中很多重大的发现、重要理论的建立和发展，都体现了实验与理论的辩证关系。实验是理论的基础，理论的正确与否要接受实验的检验，同时理论对实验又有重要的指导作用，理论在技术上的应用，还促使实验仪器和方法不断改进、实验精度不断地提高。在现代物理中，由于研究范围远离人们的日常生活经验，通过物理学家主观猜测、演绎推理来提出假说的方法，逐渐取代了牛顿时代的经验观察和逻辑归纳方法，这些在假说基础上建立的理论体系必须具有可检验性。在大多数情况下，物理学的研究方式是按照实验事实—理论模型—实验检验，以及理论预言—实验检验—修正理论这种模式反复进行的[1]。

一切理论最终要经受实验事实的反复检验才能确立，这要求实验

[1]朱学林：《物理学——工科高职教育中重要的基础学科》，科技信息(学术研究)，2008(19)：123-124。

行为可以重复，实验结果可以再现，即科学实验的结果不能因时、因地、因人而异。随着研究的深入和复杂程度的提高，近代物理学的发展也越来越依赖于实验设备的先进程度、高新技术手段和创新思想方法的应用，物理学理论的检验除直接的物理实验外，物理学原理、方法和技术在各种工程技术中的广泛应用，也是物理学以实验为基础的一个重要方面。总之，理论与实验的结合推动着物理学向前发展。

（二）物理思想、物理模型

物理学集中了几乎所有重要的科学研究的思想和方法，物理思想主要是指物理概念、原理和理论形成过程中的思维方式，物理学描绘了物质世界的一幅完美图像，揭示出物质运动形态的相互联系和相互转化，体现了物质世界的和谐性、统一性，物理学的许多方面都体现了经过深刻思辨和逐步深化、逐步完善的思想认识过程，对物理思想的学刊，不仅对掌握物理学的基本内容是必要的，而且对培养科学的世界观和思维方式具有重要的意义。

物理模型是为了便于研究而建立的高度抽象的、反映事物本质特征的理想物体。物理模型方法在理论物理、实验物理和计算物理中都有广泛应用，自然现象是错综复杂的，在构造物理模型时，物理学采用科学抽象和简化的方法，突出主要矛盾，忽略次要因素，从而抓住对象的物理本质，以寻求其中的规律，并由此发现同类型问题的共同规律。物理模型包括理想客体和理想过程，如质点、刚体、导体、理想气体、绝对黑体等都是理想客体，而间谐振动、准静态过程等都是理想过程。运用建立模型的方法，进而获知客体的性质和规律，如克劳修斯提出理想气体模型，推导出气体压强公式；安培提出分子电流模型，对物质磁性本质做出了解释；等等。由此可见，“建模”是人类为探索未知世界而发明的最有效的认知策略。物理模型在物理理论的建立和发展过程中，起着十分重要的作用，物理学就是通过不断修正旧的模型、建立新的模型来逐渐逼近真实世界的，学习物理学家在研究过程中“建模”的思路和方法，有助于增进人们对科学思想和方法的认识和理解。

（三）物理学是一门定量科学

物理学成功地运用数学方法，成为一门严密的定量科学。数学方法是指用数学语言进行演绎、推算的方法，物理概念、规律采用数学语言得到简练、准确的表达，物理模型借助数学形式进行描述，数学为物理学提供了有效的逻辑推理和定量计算方法，成为物理思维必不可少的工具。其实，物理学和数学又是互相促进、共同发展的。在物理学史上，很多物理学家同时又是数学大师，如牛顿、高斯、狄拉克等。一方面，物理学不断地对数学提出新课题，促进数学的发展；另一方面，物理学依靠数学成果发展自生：微积分之用于力学、概率论用于统计物理、群论用于量子力学和粒子物理、黎曼几何学用于广义相对论，都是取得巨大成功的范例。

第二节　大学物理课程的地位

一、大学物理课程性质

（一）课程的性质

大学物理课程是大学理工科（非物理专业）学生的必修科目，其目的是培养和提高学生的科学素养与科学思维能力。学习者通过本课程的学习可以了解经典物理（力学、电磁学、热学、光学）与近代物理的基本概念、规律和方法，并为后续课程的学习、今后的工作打下良好的基础。物理学是研究物质的基本结构、运动形式、相互作用的自然科学，其基本理论已经渗透到了其他自然科学的各大领域。通过大学物理的学习，学生不仅可以增强自主学习的能力、科学观察的能力、抽象思维的能力、科学分析与解决问题的能力，还可以进一步增强求真务实精神、培养创新意识和科学美感的认识能力。

（二）课程的特点

大学物理课程具有以下四个特点：①物理是一门严谨的科学，基本概念、基本原理和基本技能等基本功的训练，永远是物理课程的核心，也是我国物理教学的优良传统，离开这些谈不上科学素质教育；②大学物理是以实验为基础的，强调理论与实践相联系，强调实践是检验真理的唯一标准;③注重对新问题的探索和批判精神的培养;④大学物理具有学科交叉性,它不仅与数学有紧密的联系,而且与技术科学有着很强的相关性[1]。

二、大学物理在高等教育中的地位及作用

(一)大学物理课程的基础地位

高等学校中,教学工作的基本单元是课程,而学校的培养目标决定了课程的设置。通常情况下,教育层次的不同,决定了教育的培养目标必然会有所不同,因而就会存在不同的课程设置。现阶段高等理工科教育的培养目标为:传授给大学生应有的专业知识与技能,以及必要的自然科学知识,使大学生成为具备高素质的人才,能够在未来为国家、为社会创造无限财富。作为一门重要的自然科学,物理学既研究物质最基本、最普遍的运动形式和规律,也研究物质最基本的结构。它的理论广度和深度,在各学科中名列前茅;它的基本概念和方法,为整个自然科学提供了规范、模板甚至工作语言;以物理学基础知识为内容的大学物理课程,所包含的经典物理、近代物理和现代物理学在科学技术上应用的基础知识,是一个高级工程技术人员必须具备的。因此,物理学规律和理论具有较大的普遍性,在21世纪,物理学仍将是一门充满活力的科学。所以,从物理学本身的特点来说,大学物理课程仍然是我国高等学校理工科教育的重要基础课,在课程设置中,也必然会处于必修基础的地位。

(二)大学物理在理工科高等教育中的作用

物理学从它的早期开始,就以丰富的方法论、世界观等物理思想影响着人们的方法和思想,物理学发展的过程也是人类思维发展的过程,因此对大学生进行物理教育,能够培养他们正确的世界观和思维能力。同时,物理学中包含的各种研究方法,如理想模型方法、半定量及定性分析、对称性分析、精密的实验与严谨的理论相结合的方法等,对于工程科学家、工程技术人才来说是必不可少的。除此之外,物理学从一开始就具有彻底的唯物主义色彩,“实践是检验真理的唯一标

[1]徐峰:《新时期中国大学物理教育发展史的研究》,哈尔滨,哈尔滨工业大学,2014。

准”一直都是物理学家坚持的原则,显然这是“至真的”;物理学一直都致力于帮助人认识自己,促使人们的生活不断改变,这是“至善的”;最后,物理学中始终体现着“和谐的美”“风格的美”“结构的美”“对称的美”等“至美”的光辉。因此,大学物理教育对于大学生各方面素质的培养是其他任何学科无可替代的。

由此可以看出,物理学已经成为理工科高等教育基础学科中影响较大的一门学科。它不仅是一门为后续专业课准备的基础课,更重要的是它具有培养大学生基本科学素养及各方面能力的功能。

第三节 大学物理有效教学

一、有效教学定义及主要特征

(一)有效教学定义

对于有效教学的确切定义,在学术界还没有达成一致。关于有效教学的定义,目前国外主要有描述式定义和流程式定义两种。

描述式定义主要是从教学的结果来对有效教学进行界定的,这种观点认为通过有效教学,学生应该能够产生有效的学习。也就是说,有效教学要以学生为中心、以教学结果为依据。这种观点主要考虑的是教学结果的因素,而对教学过程的因素有所忽略。

流程式定义通过充分考虑影响教学有效性的因素,运用流程图的方法来对有效教学进行界定。这种观点将有效性教学看成由一个个变量构成的流程,包括背景变量、过程变量、产出变量等。其中,背景变量包括教师、学生、学科、学校及时机的特征等;过程变量包括对教与学的看法、对教学理论的把握、对教学目标的看法等;产出变量包括短期或者长期的结果,以及认识或情感方面的结果。这种观点的不足之处在于忽视了教学行为的研究。

在我国,最初直接对有效教学进行定义的著述不是很多,随着人们对教育理念的不断认识,有效教学受到了越来越多的关注。综合国内的各种研究成果,目前主要有以下几种对有效教学的界定。

1.从概念的角度来阐述

从“有效”和“教学”的概念对有效教学进行界定。“有效”是指学生通过一段时间的教学后取得的进步;“教学”是指教师引起、维持或促进学生学习的所有行为。持这种观点的学者认为,有效的教学是为了提高教师的工作效率、强化过程评价和目标管理的一种教学理念。

2.从结构方面进行界定

从表层、中层和深层三个方面来分析有效教学。从表层分析,有效教学是一种教学形态;从中层分析,有效教学是一种教学思维;从深层分析,有效教学是一种教学理想。实践有效教学,就是要把有效的理想转化成有效的思维,再转化为一种有效的状态。

3.从经济学角度来界定

从经济学角度对有效性进行界定,就是从效果、效益、效率等方面出发,认为教学的有效性是指教师遵循教学活动的一般规律,通过投入较少的时间、精力和物力,能够达到较好的教学效果,从而实现特定的教学目标的教学活动。

以上对有效教学的不同界定,是源于学者们持有的有效教学观有所不同,也可以说是学者们对影响学习者有效学习的教学方式的认知有所不同。

综合这几种界定,我们尝试着给有效教学做这样的定义:有效教学是指以正确的教学目标为基础,重视学生对知识的发现、理解和体验,重视发展学生各方面的能力,最终能够使过程与结论相统一的一种教学活动。其核心就是要促进学生全方位地发展。

事实上,有效教学是一种教学形态,也是一种教学思维、教学理想。从有效教学的理想转化为有效教学的思维,最后转化为有效教学的现状,应该是教师的教育教学理论与教育教学实践不断结合的一个过程,同时可以看作一个教师自身专业素质不断提高的过程。

(二)有效教学的特征

有效教学的特征是指有效教学区别于低效教学甚至无效教学的标志。近年来,许多学者对有效教学的特征进行了研究,他们总结出了有效教学的许多特征。

1.有正确的教学目标

对于“到底怎么样的教学目标才是正确的教学目标”这样的问题，研究者们还一直在争论，显然，在现阶段，教学目标还不够清晰。教学目标是否清晰明了与学生能够取得的成就以及与学生满意与否都存在着密切的关系。因此，教师要想开展有效教学，需要有正确的教学目标来进行指导。接下来，我们从指向性和全面性两个方面来理解正确的教学目标。

(1)教学目标的指向性

教学目标是指通过教学能够达到的结果，因此指向性是指教学的结果是什么。有研究者曾指出："教育的真实目的是改变学生的行为，使他们能够完成那些在教育之前不能完成的事情。"由此可以看出，教学的目标不在于教师教了什么，教师在教学过程中是否科学、认真，也不在于学生在学习过程中是否努力、认真，而是在于通过教学，学生的学习是否有了进步和发展。简言之，这种目标最终要指向学生的进步和发展。但是反过来，学生的进步和发展一般都离不开自身的努力和教师的负责，也就是说，只有教师有效的“教”和学生有效的“学”，才能更好地实现有效教学的目标。

(2)教学目标的全面性

正确的教学目标不仅要使学生进步和发展，还要使学生全面地进步和发展。美国教育家布鲁姆等人就曾对教学目标从学习结果的角度做过分类，他们提出的教学目标包括认知、情感、动作技能三个领域的目标。其中，认知目标为学生应该掌握教学内容，提高认知能力，能够真正理解、分析和应用所学的知识。这类目标的评判标准是学生掌握的知识是否丰富、能不能很好地进行知识迁移及认知能力程度如何等。情感目标为学生能够看到学习物理的价值，积极主动地进行学习，能够有正确的价值观和学习态度。这类目标的评判标准应为学生学习的情感是否丰富、健康，学习态度是否积极，学生的价值观能否体现出科学性等。动作技能目标为通过教学，学生要有较强的动手能力和实践能力，能够运用所学知识来解决生活和社会中的一些问题。可以从学生技能的熟练性和创造性等方面对学生做出评价。也就是说，学生的进步和发展应体现在认知、情感、动作技能三个方面全面的进步和发展。

2.做充分的准备

为了确保大学物理这门课程能够有计划地进行,教师应该在每堂课之前就做好相应的准备。教学应该是有目的的活动,要想达到好的教学效果,就要做好充分的准备。从教学的环节来看,最主要的是进行充分的准备,以及要做好相应的教学设计。有研究表明,教师在授课前进行认真备课、计划以及组织好教学,可以大大减少教师在授课开始后需要花费在课堂组织上的时间,这样教师就会有更多的时间用于教学,因而可以提高教学的有效性;如果教师在授课前没有很好地计划,就会在教学组织上花费过多的时间,这样就会影响教学的进度和教学的有效性。充分准备的好处还体现在,如果教师在教学开始前考虑了学生的学习需要、学习基础等,就更容易引起学生的学习兴趣,激发学生的学习动机,提高教学效率。

3.促进学生学习

促进学生学习是指教学的实施要关注学生的需求,教学要围绕学生来展开。学生在学习中占主体地位,教学对学生能够起到的作用,主要从学生的进步和发展来体现,因而,有效教学应是能够促进学生学习的教学。另外,现代建构主义认为,学生的新知识是通过自己主动积极地建构而获得的,并不是被动地从教师或书本那里获取的。因此,教师在教学过程中要充分调动起学生学习的积极性,使他们能够主动参与到学习中。具体做法是:

第一,教学内容和教学方法的使用要符合学生的认知能力,包括学生的理解水平和接受能力。教师要对教学内容进行再加工,调节课程的难度和进度,运用适当的教学方法,保证能够适应学生的认知水平。

第二,关注学生的兴趣。兴趣是学生学习的主要动力,要善于发现学生的兴趣点,通过发掘教学内容的意义,把教学内容与生活联系起来,以激发学生的学习兴趣;通过刺激学生的思维,让学生主动去思考问题;通过生动的教学,吸引学生的注意力,使学生能够主动参与到教学过程中;还要关注学生对教学的反应,创设必要的教学情境。

第三，帮助学生克服学习障碍。在教学过程中，教师要正视学生存在的障碍，包括学生原有知识结构造成的障碍、相异思维方式造成的障碍等。通过运用适当的教学方法，帮助学生逐步克服存在的障碍，进一步实现有效教学的教学目的，即学生愿意学习或在教学结束后能从事教学前所不能从事的学习。

第四，教师向学生介绍正确的学习方法，使学生能更有成效地进行学习。

4.能够激励学生

合理的教学方法和合适的教学内容对于学生的学习起到重要的作用，但这并不能保证学生能够学好，如果教学不能促进学生主动学习，不能有效地激发学生的学习兴趣，那么这样的教学注定会失败。因而在教学中，教师采取一定的激励手段来激发学生的积极性和主动性是必要的，只有这样，才能使学生学得更好，教学才更有可能达到预期的效果。所以，有效教学的另一个主要特征就是要能够很好地激励学生。学生的学习只有在他们对所学的内容感兴趣，而且有强烈的学习愿望和动机时，他们才会积极主动地投入学习中，这样的学习才能够取得好的学习效果。有研究表明，学生和教师一致认为生动有趣、激发思维的教学是成功的教学。很多教学实践也证明了学习动机对学生学习效果的影响非常大。

当然，对于有效教学而言，还有其他较为重要的特征，如清晰明了、师生关系融洽、能够合理利用时间等。一般来说，有效教学需要同时表现出以上几个特征。这就意味着，教师如果想要使自己的教学具有有效性，就需要在自己的教学过程中逐渐体现出这些特征，但也不一定非要寻求一样的模式，教师可以在教学过程中表现出具有自己独特教学风格的有效教学。

二、有效教学方法

有效教学要求学生能够在较短的时间内学到较多的知识，而且要掌握尽可能多的技能，同时能够促进学生的全面发展。为了达到这样的教学目标，对有效教学方法的研究就非常必要。对有效教学方法的研究，不仅是国家对教育社会价值追求的结果，更重要的是学生自身的能力发展，在教学中需要得到彰显的要求，虽然受到历史背景以及教育教学大环境的影响，有效教学方法中的“有效”具有明显的“相对”概念。但是在现阶段，有效教学方法最终应能够体现在学习者的能力发展上，通过有效教学方法的运用，提高教学质量，最终使学生各方面能力得到提升[1]。

美国学校通过教学实践，总结出包括系统直接讲授法、整体讲授法、弧光法和主题循环法四种有效教学方法。其中，系统直接讲授法是指教师通过直接讲授，使学生能够确切地掌握完成一个过程的方法，在教学中，学生对学习的重要性有足够的了解，教师和学生共同关注一种学习目标和学习过程，因而该方法目标明确，效率较高；整体讲授法是指学生对学习内容和学习方法有选择权，而且在教学中，更多的是强调学习过程，因而学生可以掌握多种学习技巧；弧光法是指为了保证教学目标的实现，要求学生走出课堂，深入社区，在学习中培养美感的一种教学方法；主题循环法允许各学科的内容进行整合，一般在中小学使用。

对于教学方法来说，影响其运用的因素是多种多样的，包括教师、受教育者、教学目标、教学内容、教学环境及教学手段等，因而有效的教学方法并不是唯一的，而且也不应该是唯一的。因此，教学方法是否有效，哪些教学方法有效，都需要综合考虑各种因素，每种教学方法都可能是有效的，也可能是无效的。

三、大学物理有效教学的理论基础

在教学发展史上，有很多教育家关注过教学的有效性问题，如布鲁纳、奥苏贝尔、巴班斯基等，由此产生的很多理论研究的成果都或多或少地涉及教学有效性的问题。对于大学物理有效教学的理论知识，一部分源于教师的教学实践，另一部分源于理论研究。

（一）认知建构主义

认知主义主要体现的是学生自身在学习中的作用，而认知建构主义理论则是在认知主义的基础上进一步发展起来的理论。在皮亚杰和布鲁纳最早的思想中，他们认为学生的学习过程是通过个体与个体

[1] 傅岩，吴义昌：《教育学基础》，2版．南京，南京大学出版社，2019。

的相互作用把客观知识结构内化为自己的认知结构的过程。认知建构主义理论与他们的理论有很大的连续性，主要关注的是学习者建构认知经验的行为。认知建构主义的主要观点是，学习是通过新旧经验的相互作用来形成自己认知结构的过程，因而它属于意义构建。意义构建即同化和顺应的统一。一方面，只有以旧的经验为基础，新经验的产生才能有意义，也就是说，只有这样，新的经验才能与旧的经验相互融合；另一方面，新经验的加入必定会改变原来的经验，从而使原有的经验更加丰富以及被不断地改造。认知建构主义关注的是学习者如何用旧的经验以及以心理结构为基础，来重新构建内在的认知结构。

大学物理学教材中的很多概念、现象和定理等，学生在中学阶段就有所涉及，也就是说学生在学习大学物理之前，就已经对其中的一些概念或定理有了一定的理解和认识，即人们常说的前概念。所以，大学物理教师在教学过程中需充分了解学生具有哪些前概念，并给予足够的重视。对于学生具有的一些错误的前概念，也就是"非科学"的概念，应及时纠正；而对于那些较为片面的前概念，应不断地进行补充。通过这样的纠正及补充，使学生不断进行意义构建，把新知识和新观念内化到自己的认知结构中。

（二）社会认知理论

20世纪80年代，美国著名心理学家、社会学家班杜拉通过吸收认知科学的思想逐渐提出了社会认知理论。有研究者通过分析与研究，认为社会认知理论是强化理论与认知心理学理论的统一。这种强化是形成于学习者对过去经验的认知。社会认知理论的核心是强调人们需要通过观察他人的某些行为来形成自己的行为。他认为，影响学习者的三个基本要素是行为、个体和环境，人们在一定的环境中通过观察他人的行为，以他人为榜样进行认知活动。学习者的这种学习行为需要一定的步骤，首先学习者需要观察榜样的行为，其次学习者需要能够学习到榜样的行为。班杜拉的社会认知理论启示我们，在教学中，教师在教学过程中需要考虑学生学习的方方面面，意识到教师的每个讲解步骤、每次分析都会对学生的学习造成影响。

具体到大学物理教学过程中，对于一些较难理解的概念，或复杂的定律，教师一般都会在讲解完成后，讲一道例题来对知识进行巩固，这时候教师就需要注意，你的讲解过程就是给了学生对某一知识点的理解和应用的“榜样”，学生在解题过程中同样会“模仿”教师的这些行为，做相似的分析问题、求解问题的过程。

（三）情境学习理论

20世纪90年代，学习理论研究者的关注点发生了变化，研究者开始对情境进行关注。情境学习理论主张学习者在学习过程中，要与其他物理情境相互作用，相互联系。情境学习理论与我们所提倡的知识迁移本质上是一致的，都是强调实践能力的形成。有研究者认为，学校情境与人们日常生活的情境是不同的，它们的区别在于，学校情境一般更有意义，学习者在其中更为关注的是如何获取知识和技能，但是在日常生活中，人们更倾向于使用一定的工具来解决生活中出现的问题，人们在其中的学习是有偶然性的。情境学习理论认为，知识是通过学习者和情境的相互作用而产生的。所以，学习知识，需要创设一定的情境，需要创设真实、现实的情境。

在大学物理教学中，很多学生都缺乏知识迁移的能力，对于很多题目，教师往往改变一下条件，很多同学就不会解题了，这其实就与大学物理学中知识的使用情境有关。在大学物理教学中，教师讲解以及学生处理的大多数问题都是理想化的问题，与现实生活联系不强，往往做的也都是定量求解，不需要像解决实际问题那样要进行建模、过程分析等的一系列步骤。因此，教师要在大学物理教学中，重视学生学习能力的培养，把真实的案例引进物理课堂，重视创设真实的学习情境。

（四）学习动机理论

动机是由目标或对象引导、激发和维持个体活动的一种内在心理过程或内部动力。动机一般分为内部动机与外部动机，内部动机是指人们通过参加一定的活动，得到满足而引起的动机；外部动机则是由于受到强化而产生的。内部动机一般较为稳定，而外部动机则有一定的不确定性，这要取决于外部强化的程度。

学习动机是能够激发学习者展开学习、保持已有的学习活动，并能够使学习者的学习活动有一定的学习目标的内部机制。通常情况下，需求可以产生学习动机，如果学习者的某种需求得不到满足，那么它就会推动学习者去寻找需要的对象，因而产生学习动机。研究表明，学习动机能够影响学习效果，反过来，学习效果也可以影响学习动机。如果学习者在学习过程中取得的成就和付出的努力成正相关，也就是取得了较好的学习效果，那么它就会起到强化学习者学习动机的效果，学习者就会更积极地去开展下一步的学习活动。因此，学习效果与学习需要相互影响、相互促进，从而在学习上形成良性循环，也就是说，学习者得到了一种好的学习动机模式。

对于大学物理课程来说，学生普遍的观点就是大学物理比较枯燥。大学物理本身承担着培养大学生的思维能力的任务，这些能力往往体现在物理定律的推导过程，但是这些数学上的推导本身就比较晦涩，不容易引起学生的兴趣，所以要想激发学生的学习兴趣，取得好的教学效果，就需要激发学生的内在学习动机。物理内容的取材也较为广泛，教师可以从生活中的实际问题入手激发学生的兴趣，还可以创设一定的教学情境激发学生的兴趣。总之，教师在教学过程中要善于利用有效的资源，激发学生的学习动力，使学生的学习能够达到最终的教学目标。

第四节　国内外大学物理教学方法现状及分析

对我国现阶段大学物理教学方法的探讨，应该基于国际化的视野，通过对比分析国内外一些高等学校的大学物理教学方法现状，可以更为清晰地找出我国现阶段高等学校大学物理教学方法出现的问题。

一、国外大学教学困境及改革措施

如果拨开美国高等教育的光环，笼罩在下面的本科生教育质量问题就会暴露出来。从20世纪60年代开始，美国大学的本科教育就处于边缘化地位。社会各界开始纷纷对美国的大学,尤其是研究型大学的本科教育表示不满,并对他们进行了强烈的指责。其中的不满表现为以下两个方面:

1. 学校对经费以及排名的追求使高等学校本科教育的质量出现下滑

有研究者就认为,本科教育质量下降的一个重要原因就是学校过分地重视科研,而忽视了对本科生的培养。伯克利学院教授就曾在书中写道:"为了争取到科研经费,高等学校通常会花高价去引进一流的研究教授。但是,这些聘请来的教授并不愿意从事本科教学,因此,对于本科生的教学,学校还得另行聘用专门的教师。"

2. 晋升的不合理以及不合理的报酬机制

科研是最重要的晋升指标,使很多教师不愿意进行本科教学以及教学研究。美国博耶研究型大学本科教育委员会对美国的一些大学进行了一次调查,调查中当教师被问到"你为何重研究,轻教学?"时,很多教师都提到,觉得教学没有被给予足够的重视,表现为奖励太少,而且在晋级中所占的分量太轻。

在与之相应的大学物理教育领域中,阿肯色州立大学的物理学教授阿特·霍布森(Art Hobson)就曾说道:"美国物理教育最成功之处仅仅在于最高层次的教育,在于近年来大学中的以研究为导向的物理学博士培养项目中,它们因其效果优良而著名,已培养出许多世界最优秀的物理学家,这种成功是研究经费充裕和以各大学为基础的科研所享有的声誉的结果,这所大学中的绝大部分学校,聘请教师,提拔和加薪主要不是根据教学情况,而是根据研究成果,以论文出版和在外获得的科研经费的多少作为度量标。"

英国的大学本科教育同样存在着问题。早在1998年,英国通过评估各个大学的教学质量,发现尽管有的大学教学质量较高,如布里斯托大学,但仍然有一些大学存在着许多各种各样的问题,如很多大学都存在着教师采用的教学方法不够合理、对学生的基础了解不够等问题,而这些存在问题的大学几乎清一色的都是前理工学院。当然,这种情况是有原因的,从1992年开始,英国根据经济发展需求,扩大了这些学院的学位授予权。相应地,扩招进一步影响了这些学校的教学质量。

二、国外大学物理教学方法现状

随着各国对大学教育的逐渐重视,各国对各学科的教学研究也投入了大量的精力和财力,以改善大学教学中存在的问题。以美国的大学物理教学为例,面对大学物理教学中存在的各种问题,他们由各大学、学院的物理系(或教育系)专家以及其他对物理教育研究感兴趣的单位,或个人组成了物理教育研究小组,对物理教学中存在的实际问题展开了研究,美国物理协会发表声明正式承认物理教育研究是物理研究领域的新的发展方向。目前,美国有多个物理系拥有专门的物理教育研究人员,包括哈佛大学、马里兰大学在内的多所著名大学都有专门的物理教育研究小组。目前,已有专门的学术刊物发表相关论文,物理教育研究中的许多工作都有较强的针对性,是对于特定的物理课程而设计的教学方法和教学模式。其成果对改进物理教学的现状,推进教学方法的发展起到了重要的作用。

随着教学改革的不断推进,各国的大学物理教学方法呈现出不同的特点。接下来我们基于国际的视野,探讨各国现阶段的大学物理教学方法现状及特点,以期对我国的大学物理教学提供可借鉴的经验。

(一)美国高等学校的大学物理教学方法

在美国高等学校的大学物理教学中,教师非常重视利用不同的教学方法以及现代教学技术调动学生的积极性,把教学看作师生合作的事业,因而物理课堂教学较为生动活泼。近年来,美国高等学校大学物理教学中出现的新的方法有以下六种[1]。

1.讨论式大学物理教学方法

讨论式大学物理教学方法是华盛顿大学的物理教育研究小组提出的,经过多年的发展,现在主要应用在一些大学物理习题课教学中。

讨论式教学的主要目的是加深学生对重要物理概念的理解和掌握,以及培养学生的科学推理能力。教学过程的实施要按照事先设定的教学计划进行,学生分成小组进行讨论,教学计划要利用学生认知上的联系与冲突,强调定性分析,教师要做的就是引导,通过引导来帮

[1] 王祖源,张睿,顾牡,等:《基于SPOC的大学物理课程混合式教学设计与实践》,物理与工程,2018,28(4):3-19。

助学生自己解决学习过程中遇到的困惑。在教学过程中,教师先要检查学生的学习进度并根据学习情况提出问题,让学生自己思考,得到解题的方法和答案。

讨论式大学物理教学的过程包括以下几个步骤。

(1)课前对学生的测试

这些题目一般是一些概念题,包含教材中或上堂课讲过的内容,通常会让学生进行定性分析。通过这样的测试,学生能够了解到自己已经掌握的知识,以及需要他们掌握的知识,同时教师能够更好地掌握学生的学习情况。

(2)分组进行讨论

讨论课一般为一个小时左右,学生按计划进行分组讨论,教师在讨论课上一般不对内容进行讲解,而是通过不断提问,引导学生自己推导,从而得到答案。如果学生遇到了问题,可以及时地与其他同学讨论或者与教师进行沟通。每周教师和助教都要进行几个小时的培训,讨论学生在课上会遇到的困难。

(3)讨论结束后,学生需完成教师布置的作业

一般是复习在讨论课中学到的内容,帮助学生进一步巩固所学的知识,有时会增加相关问题,用来帮助学生拓展和运用所学的知识。

美国多所大学都使用过讨论式教学方法,因此这种教学方法在反复使用中被不断完善。结果表明,讨论式教学能够促进同一小组中不同层次的学生的共同进步。

2.探究式大学物理教学方法

探究式大学物理教学方法最早是由华盛顿大学的教授提出的,现在已经由当时专门为非科学专业学生而设的大学物理课程推广到了其他的课程。在探究式大学物理教学过程中,教师一般不做过多的讲授,而是通过学生自己精心设计的教学计划以及简单的实验设备来做实验。

在教学过程中,学生先要按照制订好的计划表,分成小组,在教师的引导下,完成示范性的物理实验。其间,学生通过观察实验中的现象,自己提出合理的想法来解释物理现象,并且通过实验来验证自己的设想。在教学过程中,教师通过提问,引导学生理解问题,教师最后

要对学生在教学过程中的表现进行打分，包括学生提出的想法以及实验操作过程中的表现等。然后，教师要求学生在课堂上完成准备好的试卷，内容包括实验设计的思路以及得到的实验结果等。

这种教学方法现在已经在包括华盛顿大学、俄亥俄州立大学等多所大学的物理教学中投入实践。实践证明，这种教学方法明显提高了学生对物理概念的掌握。

3.以学生为中心的大班本科物理教学方法

针对美国许多大学物理课堂人数众多的情况，北卡罗来纳大学的大学物理教育研究组的比克纳(Robert J Beichner)教授提出了以学生为中心的大班本科物理教学方法。这种教学方法的设计通常是针对包括80~100名学生这样的班级规模来开展的，一般会配备2~4名教师和助教。

在教学过程中，讲课的时间不超过25分钟，教师与学生、学生与学生之间主要是通过讨论来加深理解课前阅读过的基本内容，然后练习一定的解题技巧，并运用这些知识与解题技巧做实验或解题。在此期间，教师通常会要求学生通过做一些仿真实验或一般性的实验，对学过的知识进行复习。在进行讨论的时候，教师会鼓励和引导所有学生参与其中，鼓励学生提出自己的想法，即使学生最初的想法或观点是不完善的，甚至是错误的，也要鼓励他们勇敢提出自己的想法或观点。

通过相关测试发现，相对于仅用课堂讲授，采用这样的教学方法进行教学，学生的成绩明显提高，而且学生在对概念的理解、学习的态度、上课的积极性等方面都有了很大的提高。

4.案例教学方法

案例教学方法是美国大学物理教学中一种常用的教学方法，一个最为突出的特征是案例的运用，这也是案例教学的关键所在。这种教学方法最早是由美国哈佛大学创立并推广的，最初是应用于法学和医学中，由于案例教学在教学中的独特作用，现在已广泛应用于大学物理等多门课程的教学中。案例教学的优势体现在它的答案不是唯一的，如果我们考虑的方法不一样，那么得到的结论就可能是大不相同的。通过案例教学，可以引发学生的积极思考，集思广益；通过案例教学，可以激发学生的兴趣，充分调动学生的学习积极性，培养学生的创新思维和创新意识。

5.基于Clicker系统的教学方法

Clicker系统又称课堂应答系统，是由哈佛大学物理教授埃里克·马祖尔（Eric Mazur）将其应用于课堂教学的，他提出了较为完整的教学模式和教学流程，并且取得了良好的教学效果。早在1991年，埃里克·马祖尔教授就设计出了Flash card，这种小卡片可以让学习者立即对问题的答案进行反馈。随着科学技术的发展，逐渐演变成现在的Clicker系统，目前国外包括哈佛大学在内的七百多所大学在教学中使用Clicker教学系统，其应用研究已有十余年。基于Clicker系统的教学系统是一套多媒体互动教学系统，充分体现了现代信息技术在课堂中的应用。在教学中，教师一般会用多媒体课件把要探讨的问题呈现给学生，然后组织学生进行讨论，学生讨论完成后投票回答。教师通过对学生的答案进行即时统计，能够快速地了解到学生的学习状态，然后对教学计划进行相应的调整，进行有效的教学。

从本质上来讲，基于Clicker系统的教学方法是一种交互式、探究式的教学方法，它通常被应用于新课教学中。通过使用Clicker系统，一是能够纠正学生的非科学概念，还会使学生带着问题上课，激发学生的学习兴趣；二是能够检测学生的学习效果，通过做题，进一步巩固学生对所学知识的掌握。

6.工作室物理

“工作室物理”是美国伦塞勒理工学院的大学物理教改项目。该项目曾在1995年获得了美国国家大学本科教学改革最高奖励——以克林顿总统的名义颁发的Hersburgh Award奖励，它可以说是现代信息技术在物理教改中的典型应用。它的指导思想是教师先通过对所学知识点进行简单的讲解，引导学生在工作室中自己动手操作计算机进行实验、学习，在教学过程中，学生可以与教师、助教互相讨论，也可以进行分组讨论等方法进行学习。这种教学方法充分体现了“以学生为主体，以教师为主导”的教学指导思想，完全取代了教师通过单方面讲授的传统的教学方法。根据对学生的调查表明，利用这样的教学方法进行教学，教学效果要比传统的教学方法好很多。学生反映，这种教学方法主要的优点是在教学过程中，通过自己动手做实验，充分发挥了个人的能力;学生有相当多的机会与教师进行讨论、交流,开阔了自己的视野。这种教学方式的广泛应用,在美国及其他国家都产生了极大的反响。事实证明,这是一种非常成功的大学物理教学方法或教学模式。

(二)英国高等学校的大学物理教学方法

英国的高等学校具有较为宽松的教学环境,因而在他们的教学中,往往体现着对学生的鼓励和启发,而且英国非常重视现代媒体在高等学校的应用。早在1989年,英国政府就实施了“计算机用于教学创新”的项目,目的明确,就是要通过计算机与互联网的结合,对全国范围的高等学校从教学模式到教学方法进行全面改革。这个项目对现阶段英国高等学校的大学物理教学方法的应用也起到了非常重要的作用。目前,在英国高等学校大学物理教学中,常用的教学方法主要有以下几种。

1.讲授法及自学法

讲授法与传统的讲授式教学方法有很大的不同,教师并不会在课堂上对所有内容进行讲解,而且教师也不会指定统一的教材,一般是按着专题讲,因而很多教学内容会留给学生自己进行自学,这也是教学计划的一部分。因此,自主学习对英国大学生来说是非常重要的,学生需通过课下自主学习才能很好地完成教学任务。所以他们的学习并没有看上去那么轻松,要想通过考核,学生需要在课外花费非常多的时间。教师在讲授过程中进行提问,是英国大学物理课堂上常见的事情,教师的问题通常会贯穿于整个教学过程中,问题的种类也有所不同,一般是带有启发性的问题,促进学生去积极思考;也有的问题是为了对教学效果进行随时检验,即常规问题。面对教师的提问,学生一般都会积极地回答。大学物理的课堂上因为人数较多,教师不可能照顾到所有的学生,因此在课堂中,除了教师的提问,如果学生在听课过程中遇到较困惑的地方,可以随时打断教师的教学进行提问。这种教学方法能够较好地集中学生的注意力,促进学生积极思考,所以,教学效果通常会很好。

2.讨论法

讨论法的运用一般包括小组讨论和课题讨论。教师在讲课过程中，经常会让学生针对某一问题，分成小组进行讨论。讨论小组一般由教师随机安排，有的时候也是学生自己组合。教师通常会为每个小组指定一名组长，也可以由小组成员自己来决定自己的组长。组长要负责组织讨论、总结小组的讨论意见以及最后要向全班进行陈述。对于课题讨论，教师会在讨论前把题目布置下去，学生通过查阅资料，单独或者组成小组来完成。在讨论课上，学生要先在班上对自己的题目进行讲解。然后其他学生进行提问，或者学生之间进行交流、讨论，在讨论完成后，教师会做出总结，包括对学生课题完成情况、学生的参与程度及讨论结果等。

3.实验法

实验课也是英国大学物理教学中的重要环节，而且他们相当重视大学物理的实验，物理实验课学时占总学时的比例较大，通常的实验项目难度也较大，有些设计性实验是要求学生解决某一实际问题的，教师并不提供问题的答案。在进行实验时，教师通常都不会进行讲解和示范，而是要学生自己带着讲义去实验室，对着仪器摸索。教师和实验室的工作人员要在实验室观察学生做实验，并回答学生提出的问题。他们的实验还有一个明显的特点，就是从不拖堂，如果学生在规定的时间内不能完成实验，没有补考机会，所以要求学生课前需要做大量的工作，以做好充分的准备。

（三）国外大学物理教学方法的现状分析

通过比较分析各国的大学物理教学方法现状，可以看出，目前国外大学物理教学方法的应用主要有以下特点。

1.教学方法以教会学生学习为主，注重学生能力的培养

当今时代，知识增长速度加快，更新的周期也在缩短，而且现阶段网络发展迅速，面对网络这种开放性的资源，教师和学生相对来说都是平等的。所以，现阶段教师更重要的任务便是要教会学生怎么获取知识，包括怎样选择合适自己的知识，这在目前所处的学习型社会无疑是更为重要的。因此，现阶段各国大学物理教学方法的运用，更多的是要改变过去以传授知识为主要教学目标的状况，转变教学观念，提倡以教会学生学习、培养学生能力为主的教学方法的运用。因此，

在美国及其他西方国家的大学物理课堂,几乎每种教学方法或教学模式,都倾向于在教学中以学生的讨论以及向学生提出问题开始,而且在教学过程中,都在努力激发学生学习的兴趣和学习的主动性,鼓励学生积极思考,通过与教师或者其他学生的讨论自己找到问题的答案。例如,案例教学、基于Clicker系统的教学也是如此。在教学活动中,教师始终用一只"看不见的手"指引着学生。在教学过程中处处体现着以学生为中心的教学思想,体现着学生在教学中的主体地位。

2.教学方法多元化且针对性强,在教学过程中发挥整体作用

随着各国对教育领域的重视及投入,高等学校也在积极寻找适用于现代社会发展要求的教学方法,它们也意识到,包罗万象的教学方法是不存在的,没有哪种方法可以实现所有的教学目标,因此它们也创新了许多有效的教学方法,新的教学方法层出不穷,与教学方法多元化相对应的是,国外高等学校大学物理的教学模式的目标也非常广泛。教学目标不仅包括认知方面,还包括心理健康、情感意志及社会性方面等。在认知发展方面,创新能力、思维能力等方面的培养不再是隐性的目标,而是变成了显性的目标,即这方面能力的培养不再是作为知识教学的附属目标而存在的,而是被放在了教学的前沿,当作直接的培养目标。每种能力的培养都有与之相对应的独特的教学方法或教学模式,这也说明在美国等国外的高等学校的大学物理教学中,是以能力培养作为目标的着眼点的。也就是说,教学不是在传授知识,教学过程中附带着培养其他方面的能力,而是要根据各种能力的培养来组织教学。因此,教师可以根据不同的目标选择合适的教学方法。除认知方面的目标外,其他的教学目标也都可以找到对应的教学方法或教学模式,这就使对于一些目标的培养,不会仅停留在"口号"上,而会有可能真正地被实现。这就不会像我国的一些教学方法,虽然也想实现各种培养目标,但是结果很不理想,往往到最后,知识教学成为唯一可实现的目标。很显然,没有万能的教学方法,所以在大学物理教学中,他们往往会综合使用多种教学方法,以培养学生多方面的能力。例如,美国"工作室物理"教学,教师先要进行简单的讲授,然后学生进行分组讨论,而且在教学过程中,实验与教学同步进行,所

以一堂课下来，既教给了学生一定的知识，也培养了学生自己解决问题和学习的能力，教学效果显著。

3.现代信息技术在教学中应用广泛

目前，现代信息技术发展迅速，信息技术的发展对人们的生活产生了较大的影响。在各国高等教育领域里，现代信息技术的发展不仅为各国教学方法的改革与创新提供了较为先进的物质条件，增加了教学方法的有效性，而且促使教学方法向多元化发展，增加了教学方法的活力。现阶段，各国的大学物理教学都非常重视现代信息技术的应用，他们认为，传统的教学手段把教学活动都控制在了有限的时间和空间内，限制了学生的思维发展。而现代信息技术，可以把那些学生无法直接感知的东西展现在了学生的面前，能更有效地促进学生的理解和对知识的掌握。因此在国外高等学校，现代媒体手段在大学物理课堂被广泛使用。这不仅使教学重点突出，还会让课堂变得活跃，激发学生的学习兴趣。除此之外，仿真实验、网络教学、把课堂直接搬到实验室的教学，都充分体现了现代教学技术在国外大学物理教学中的广泛使用。同时，由于国外的高等学校往往比较重视学生的自学，而且有很多大学物理教学要求学生在网上进行答题，用来检查学生的预习和复习的情况，因此在国外的大学物理教学中，现代信息技术得到了充分的利用。

三、国内大学物理教学方法现状及分析

受到我国传统文化及“苏联模式”的深远影响，我国现阶段高等学校的大学物理教学方法仍然以传统的教学方法为主。传统教学方法是与现代教学方法相对应的教学方法，它是基于客观主义理论下的教学方法，一般是指讲授法、练习法等教学方法。传统教学方法强调以知识为本位，以传授已有知识为教学目的，过分注重演绎，重视结果而忽视过程，容易忽视学生的主体性地位，因此在现代教学理论下备受指责。但由于种种原因，传统教学方法并没有退出我国的大学物理教学课堂，仍存在于大学物理教学活动中。

(一)我国大学物理教学现状

1.传统的课堂讲授法仍然是我国高等学校大学物理教学中的主要教学方法

教育部发布的《非物理类理工学科大学物理课程教学基本要求》中明确说明了大学物理“建议的最低学时数为126学时”。尽管如此,但是由于大学物理并不是专业课,而且对学生能力的培养也不是立即能体现出来的,因此也没有很好地得到学校领导的重视,一般都达不到126学时,有的甚至在100学时以下,这样一来,就容易出现教学内容多而学时不足的矛盾。随着高等学校的不断扩招,现在高等学校的大学物理教学基本上都是大班教学,而课堂讲授法由于可以在相对短的时间里,面向较多的学生进行系统的知识传授。同时,课堂讲授法在教学过程中,便于教师对教学过程的控制,教学活动的开展也相对来说较为简单。因此,在我国高等学校的大学物理教学中,大多数教师都是采用课堂讲授法来完成教学任务的,很多高等学校的教师在课堂上讲授的时间达到了总教学时长的90%以上,虽然在课堂上他们有时也对学生进行提问,但一般都是些“是不是”“对不对”此类的问题,根本达不到启发学生思考的目的。有的时候,尽管教师想对学生提出一些具有启发意义的问题,但是学生的兴趣明显不够,得不到学生的积极响应,最后也大多不了了之,相当于教师自问自答。由此可见,在我国的大学物理课堂上,传统的课堂讲授法还是占主要地位的。

2.教师教学方法的运用主要还是以传授知识为目的

传统的教学方法就是以传授知识为主要教学任务,主要功能就是向学生有效地传授书本知识。现阶段,我国的很多大学物理教师都是有相当长教龄的老教师,虽然知识渊博,但由于深受他们那个年代的教学方法以及学习方法的影响,在教学过程中,都有意无意地将传授知识的教学任务带到教学过程中。学校对教学效果的评价,往往主要是以学生的期末成绩为主要评价因素,而且由于社会功利化的影响以及学生没有得到教师的正确指引,学生往往看不到大学物理这门课本身所包含的价值,学生上大学物理课也仅仅是为了拿到好的成绩,有的时候就会出现教师为了满足学生的要求,把物理课上成了习题课的现象。因此,在选择教学方法进行教学时,教师主要考虑的还是能不能在规定时间把尽量多的知识灌输给学生,教学方法的使用也多数以教师的教为中心,对于学生的能力是否会因为学习过大学物理这门课而提高,则没有受到足够的重视。因此,在我国现阶段的大学物理课堂,还是以讲授法为主要的教学方法。

3. 教学手段虽以多媒体课件为主,但仍然存在着一些认识以及应用上的问题

现阶段,在我国的大多数物理教学中,由于基本上都是大班教学,因此绝大多数教师都采用了多媒体教学,但是在对计算机多媒体技术的认识及应用上,还存在着一些误区。例如,过分夸大这种现代教学手段的作用,不管什么内容,都要用多媒体手段进行教学,教学模式往往还是简单地注入,只是换了一种灌输方式而已;而且一般多媒体的信息量较大,有的时候学生连思考的时间都没有,完全处于被动的学习状态,有的学校在课后学生还无法访问教师的电子教案,实际上在这种情况下,教学效果甚至比不上传统的黑板加粉笔的教学手段。所以,教师在利用多媒体手段教学时,应考虑采取一定的措施提高学生可以接受的信息量,因为教师提供的信息量并不等同于学生可以接受的信息量;同时,有的教师在教学过程中往往容易忽略学生的情感因素,专注于自己不断地切换教学内容,从生理学的角度来看,学生的视觉、听觉如果一直受到强刺激,容易产生疲劳。情感因素是非智力因素的一种,会影响学生的学习,所以在多媒体使用的过程中,教师应主动适时地活跃教室的气氛,激发学生正面的情感;再者,大多数教师目前还没有充分地发挥现代媒体的作用,教师应在课上通过多媒体启发学生的思考,建立相应的大学物理网络平台,引导学生在课下充分利用网络的功能查找资料以及教师和学生通过网络进行学习交流,充分发挥现代媒体的作用。

随着社会的发展以及教学理论研究的不断深入,许多物理工作者发现,传统的教学方法越来越不能满足大学物理的教学要求,存在着很大的局限性。具体表现在:

1. 传统教学方法与现代高等教育对大学物理的教学要求存在着不相适应的一面

传统的教学方法是以传授知识为主要教学任务,而现代高等学校

的大学物理教学，除了要让学生掌握必要的物理基本知识和基本技能，还担负着培养学生独立获取知识、科学观察和思维以及分析问题和解决问题等方面的能力；培养学生求实精神、创新意识、科学美感等方面素质的任务。

2. 传统教学方法与现代社会对人才要求的不协调

现代社会对高等学校的人才培养提出了新的要求，不仅要求高等学校培养的人才具备扎实的基础知识，而且要求学校培养出具有创新精神等多方面能力的复合型人才。现在知识更新周期缩短，就需要学生在参加工作后有较强的学习能力，这就要求高等学校教学改革以知识传授为主、以教师的教为中心的教学方法，在教学中要充分体现学生在学习中的主体地位。

(二)我国大学物理的教学方法

针对大学物理教学方法中存在的各种弊端，我国也采取相应措施积极应对，先后成立了南京大学等几个国家级大学物理教改基地，推出了一系列国家级的大学物理精品课程以及大学物理实验教学示范中心，希望能够对我国高等学校的大学物理教学起到示范作用。《非物理类理工学科大学物理课程教学基本要求》明确提出，采用启发式、讨论式等多种行之有效的教学方法，因材施教，激发学生的智力和潜能，调动学生学习的主动性和积极性。在国家的大力扶持以及物理工作者的积极探索下，大学物理教学方法改革也取得了很多积极的成果，如南京大学卢德馨教授的研究性教学，以及华中科技大学的李元杰教授的大学物理数字化教学等，它们对国内大学物理教学均产生了非常积极的影响。

1. 研究性教学

南京大学的卢德馨教授经过20多年的探索和实践，使研究性教学成为我国目前研究型大学提升本科教学质量的成功案例。在探索过程中，卢德馨教授在着力培养创新人才的过程中，充分考虑到大学物理学不仅是一门不断追求自身发展的学科，而且是一门在发展过程中与众多学科相互交融的基础学科。因此，他充分融合了科学研究的元素，从科学的本性出发，结合最新的教育理论，对“大学物理学”进行了改革和重建,形成了具有探究性、整合性和互动性三大特点的研究型教学模式。虽然目前的高等教育界还没有对研究性教学的概念达成统一的共识,但他对于研究性教学提出了自己的看法,即在大学物理教学过程中把科学研究所需要的元素融合进去,用科学研究的要求来组织教学。因此,在卢德馨教授的研究性教学中,整体都渗透着研究精神,探究贯穿于课堂教学、讨论课、习题、论文、课外学习等。他还认为,研究性教学的要点在于用科学研究的素养来设计整个教学。研究性教学在传授知识的同时,应该强调探究,强调创新。课堂上,卢德馨教授通过遴选一些教学中的热点、难点问题进行讨论,组织讨论课,充分发挥学生主动学习的积极性。他还引入精品习题环节,他认为,传统教学中习题的作用是有限的,往往只起到复习、补充的作用,帮助对课堂教学中的一些概念和公式的理解。面对这一情况,他在习题的教学上采取了“少而精”的方针,同时允许学生质疑题设条件的合理性。这样一来,习题在增强学生技能训练的同时,能够培养学生的批判精神和探究精神。很多课堂讨论的问题,都延伸成了学生在课外进一步学习研究的课题。课外,通过网络上互通 E-mail 与多种形式的讨论和对话,使教师作为学生学习能动的资源,起到协助者、推进者的作用。此外,在大学物理教学过程中,卢德馨教授非常重视思想对教学内容的统摄,他把一些知识点整合成一个个的案例,让案例包含一定的思想,目的就是要以知识为载体传递一定的思想。正如爱因斯坦所说的:“教育就是当一个人把在学校所学全部忘光之后剩下的东西。”

著名心理学家皮亚杰说过:“一切有成效的工作必须以某种兴趣为先决条件。”与之相对应,卢德馨教授主张的研究性教学的作用机制就在于高质量探究激发学生的学习兴趣,而学生的学习兴趣反过来推动高质量探究,两者互相促进,从而不断提高教学质量。

2. 大学物理 CCBP 教学模式

华中科技大学的李元杰教授所倡导的大学物理 CCBP(calculus-computer-based physics)教学模式是以现代数字化教学理念为指导,强调课堂中教师的“教”以及学生的“学”的一种教学模式。大学物理 CCBP 就是通过教学生同时使用计算机和微积分,让学生自己动手编写程序去解决物理问题。李元杰教授认为,学习一门课程,除了掌握基本知识，更重要的是学习它的科学思维方法。学生从教师那里得到的应该是一个点石成金的法则，而不是一堆金子。正如著名物理学家费曼所言："科学是一种方法，它教导我们，一些事物是怎样被了解的，什么事情是已知的，现在了解到什么程度（因为没有事情是绝对已知的），如何对待疑问和不确定性，证据服从什么法则，如何去思考事物及做出判断，如何区别真伪和表面现象。"因此，要提高教学质量，需要从纯知识教育转变为创新教育，而实现教学创新所需要的基本条件有三个：知识、思想和方法。仅有基础知识的积累是不能完成和实现创新的，还需要教师的讲授来掌握知识以及学生还需要自己独立获取知识的能力。所以，在教学中要坚持传授知识、讲思想、讲方法并重，教学方法上，要突出讲授知识、应用知识、探求未知三个环节，而突破点就是强大的先进动力和重要的技术支撑。华中科技大学在2007年正式将CCBP引入大学物理教学，打破了大学物理教材常规的力、热、光、电、近代物理的排列顺序，更加突出了物理思想和物理本质，特别是物理方法，在教学中引入了计算机数值技术、模拟技术等工具，通过计算机强大的数值处理功能来处理复杂的物理方程，如现代物理学的微积分方程、非线性问题等，把纯理论的推导变成了用计算机来解决实际问题。数字化技术在大学物理教学中的作用主要体现在：为素质教育和创新教育营造了良好的学习环境；极大地丰富了基础物理中许多可教可不教的内容，如非线性问题等。从某种程度上来说，大学物理CCBP教学也是一种探索性的教学方法，因为在教学过程中，基于CCBP的教学充分体现出了学生参与的主动性、探索性和创造性。

在大学物理CCBP教学中，李元杰教授还充分体会到在准确地传授科学知识的同时，要恰当地提炼出知识中蕴含的思维方法，使学生能够潜移默化地感悟到物理学的思维与方法。例如，在力学教学中，他们基于CCBP系统的强大功能，围绕能量和时空的观点，抓住稳定性、等效性和对称性等特性，训练学生的科学思维方法。这种教学方法不仅能培养学生科学的世界观和方法论，而且对提高学生的科学素质起到了非常积极的作用。

此外，东南大学物理系的叶善专教授在现代教学理论的指导下，试点实行了大学物理"混合式"教学模式，而且取得了非常显著的教学成果。他发现,在"混合式"教学模式下,学生的热情、教师的积极性都非常高涨。学生在主动向"资源"要知识的同时,发展了自学、探究的能力,提高了知识水平。还有大连理工大学的余虹教授,在大工程观、大科学观的教育理念的指导下,在大学物理教学中,坚持开展教研活动,拓展教学方法,实现教学方法多样化,注重形象思维与抽象思维相结合、课内教学与课外活动相结合,加强理论与实践的融合,重视提高学生的创新意识和创新能力。在理工科大学物理教学中进一步加强人文精神,在教学过程中,把最新前沿成果及其在工程上的应用及早地介绍给学生,很好地培养了学生的科学素养。其教学成果也进一步对其他学校的大学物理教学起到了非常好的辐射作用。

除了以上在大学物理教学实践中取得了较为成功的教学方法和教学模式,为了改善大学物理教学困境,许多研究者对大学物理教学方法和教学模式也进行了非常有意义的理论探讨。例如,潮兴兵等人提出的多层面、分层次的教学模式,就是为了解决教师在大学物理教学中没有从实际情况出发的现状,这一教学模式也充分体现了因材施教的教育理念;青岛大学师范学院的曹肇基教授从创新教育出发,分析和研究了专业教学、物理学史与教学科研相结合的大学物理教学方法,而且在试点过程中取得了不错的反响;中南大学的罗益民教授指出,大学物理方法的应用,需要从认真上好理论课、努力提高学生的学习兴趣及尽量使用通俗化语言等方面入手;陈伟华从教学效果导向出发,对大学物理教学方法进行了探讨;等等。

第二章　学科核心素养背景下学与教方式的转变

第一节　学与教方式转变研究概述

一、课程改革对学与教方式转变的要求

学习是指学习者因经验而引起的行为、努力和心理倾向的比较持久的变化，包括知识的学习、技能的学习和个性品质的养成。国外学者对学生学习方式及教师教学模式的转变研究相对较早，研究理论也相对成熟，研究成果已经相当丰富。"学习方式"一词最早是1594年由美国学者哈伯特·塞伦首次提出的，后来有研究者将其分为三个阶段，即早期研究、近期研究和现代研究。其研究内容的焦点主要集中于学习方式的类型、内涵等方面。国外学者的建构主义学习观、人本主义学习观及现代心理学理论等研究成果，为我国学者在这方面的研究提供了大量的理论基础和研究方法，具有很大的借鉴意义。

另外，国外对教学模式的转变研究时间较长，研究理论比较成熟。20世纪70年代，美国学者乔伊斯和韦尔出版了一本名为《教学模式》的书，打开了一个教学研究的新领域——教学模式论。这种教学论在西方多个国家引起了极大的反响。

20世纪90年代，基础教育界又在实践教学活动中开拓了学科教学模式，但人们对教学模式仍有不同的理解和解释。例如，冈特、埃斯特斯、施瓦布在合著的《教学：一种模式观》一书指出，教学模式是指教师为完成特定的教学目标而进行的一步步程序；安德鲁斯和古德森曾表示，每种教学模式都是一组综合性成分，它能规定完成特定教学任务的活动及功能的序列。

我国许多学者对学生的学习方式及教师的教学模式也做了诸多研究，如对自主学习、合作学习、探究式学习、探究式教学、抛锚式教学

等学习方式和教学模式也做了大量的研究。研究至今,相关的研究理论和实验结果也在实践中有了显著的成效。但由于我国传统学习和教学的模式沿用时间久远,教育思想根深蒂固,因此即使我国教育理念和教育方式已经发生了很大的改变,但传统的教学和学习方式的影响还在,所以我们还必须不断地尝试各种好的、有助于学生今后发展的教学学习模式[1]。

(一)对学习方式转变的要求

1.要求学生变之前的"要我学"为"我要学"

要改变在教学时过分注重传授知识做法,而强调培养学生积极的学习态度和学习方法。这就要求学生改变对学习的认识并对学习产生浓厚的兴趣。让学生意识到,学习是为了满足自身的成长和有机的发展而需要自觉担负起的责任,学习是为自己而学。当学生对学习充满了浓厚的兴趣,学习这项活动就从负担变成了一种享受、一种乐趣。学生就会变得越来越喜欢学习,越来越想学习。

2.要求学生的学习从依赖教师变为独立自主

其实每个学生都有能够独立学习的能力,只是他们对自己的学习能力不够自信。教师要引导学生相信自己,对自己充满信心,从内心肯定自己。传统教学低估并忽视了学生独立学习的能力,而新课改下的新教学应该尽可能地诱导学生产生非常强烈的表现欲。那么,为了能有好的表现,学生一定会在学习过程中日益独立。这样一来,学生的独立学习能力就会大大提高。

3.要求学生学会合作学习,加强集体意识

合作学习是指几人组成一个小组,为了完成学习任务而有明确分工的互助型学习方式。若是处在长久的、竞争性的、以个人为中心的学习氛围下,学生难免会变得孤僻、自私、冷漠。但合作学习不同,合作学习需要学生之间进行讨论与交流,这样不仅有助于培养学生的集体意识和团队合作精神,还有助于解决教师由于各种原因对学习能力有差异的同学照顾不周的情况,同时有助于学生自身在小组讨论交流意见的过程中发生思维碰撞,从而擦出科学的火花。所以,合作学习

[1] 龚玉姣:《混合学习模式在大学物理实验中的应用研究》,长沙,湖南大学,2011。

对学生创新能力的培养大有帮助。

4.要求学生变以前的接受学习为探究学习

在传统教学过程中,教师更注重知识的灌输,这种"填鸭式"教育使学生只能机械地、被动地接受知识,而缺少对大自然、对真正的科学技术的直观感受,限制了学生的思维和视野。新课改下的课堂是多姿多彩的、动态的、灵活的。新课堂应该把学生的被动学习方式转变为对大自然、对科学真理的探究式学习。这样,学生就能更好地掌握物理知识、见识科学真谛、丰富人文素养、培养自身的品质,以适应社会的发展,并能更好地回报社会。

(二)对教学方式转变的要求

1.要求新的教学模式注重"以学生为本"的教学理念

新课改指出,对学生的培养要与时代的发展一致。要使学生具有初步的创新精神实践能力、科学素养、人文素养及环境意识,并培养学生终身学习基础知识和基本技能的能力。也就是说,教师不能只注重知识传授的教学观念,而要引导学生自主学习、合作学习,并培养学生的创新精神、社会实践能力和健全的人格。这就必须要求教师考虑到学生的个体差异,教师的课程和教学要服务于每个学生。

2.要求教师的角色从学生的"主导者"转变为"引导者""帮助者"和"促进者"

在传统教学活动中,教师更注重学生对知识的掌握程度而忽略了学生自身的发展和需要。新课改的核心目标是要提高全体学生的核心素养,提倡让学生全面发展,强调学生是学习的主人,而教师是学生的"引路人",培养学生积极参与、乐于探究、勇于实验、勤于思考的学习态度。

3.要求教师在教学过程中考虑学生的认知能力和"最近发展区",在学生的认知基础和现有的知识基础上帮助学生理解学到的新知识

学生的现有水平和学生的可能发展水平两者之间的差异就是"最近发展区",即学生通过教学获得的内在潜力。教学应充分考虑学生的"最近发展区",为学生提供有一定难度的学习内容,使其发挥出所具有的潜能,从"最近发展区"发展到下一阶段,并达到下一个"最近发

展区”。

二、相关概念界定

(一)学习的概念

学习的概念分为狭义与广义两种。狭义的学习是指学习者通过听讲、阅读、理解、观察、研究、探索或实践等手段获得知识与技能、过程与方法、情感态度与价值观提升的一种行为方式。广义的学习是指人类在生活中通过获得经验而产生的行为或潜能等相对持久的一种行为方式。

(二)学习方式的概念

“学习方式”一词是由美国学者哈伯特·塞伦在1954年首次提出的。当时他给出的概念是,人们在学习过程中所习惯或喜欢的方式。但在教育界,教育家们对学习方式的定义各不相同,各有各的侧重点。在本书中,笔者对学习方式的概念界定更倾向于,学习方式是指学习者在学习过程中的基本行为和认知取向,也是学习者学习知识和技能的一贯方式。

(三)教学的概念

教学是指教师的教和学生的学为一个整体的、人类所特有的培养人才的活动。教师通过这种活动有目的、有计划、有手段、有组织地引导学生学习及掌握相关文化知识和技能,提高学生的整体素质,将学生培养成为社会所需要的人才。

(四)教学模式的概念

目前,关于教学模式的概念有四种:结构程序说、层次中介说、系统要素说、行为范型说。结构程序说认为教学模式仅是结构程序,这样降低了教学模式的应用性。层次中介说认为教学模式是教学理论简化后的产品,这样的说法忽视了教学模式本身的价值与多样性。这两种说法都过于单一片面。系统要素说认为教学模式是一个完整的系统,该系统还包含理论基础、教学目标、教学流程、教学辅助评价标准等要素。行为范型说是指教学模式是组成课程作业、选取教材、在教室或其他环境中指导学生的一种范型。

综上所述,教学模式是包含多个要素的一个完整的系统,该系统不仅包含教学理论,而且包括教学内容、教学目标、教学手段、教师与学生的互动、教学环境、交流提高等。教学模式的选择需要考虑教学内容、教学目标、环境设施、学生认知水平等各种因素的影响。教学模式的背后一定有着某个或多个教学理论的支撑,同时教学模式是教学理论和教学规律的创造性实践,并在实践中丰富和充实教学理论。

第二节　学习方式理论和实践研究

一、学习理论基础

(一)行为主义学习理论

行为主义心理学形成于20世纪初期,20世纪50年代盛行于美国和其他西方国家,既是美国现代心理学的主要流派之一,也是对西方心理学影响最大的流派之一。行为主义学习理论是由行为主义心理学衍生而来的,主要在20世纪的前半叶盛行于美国及西方的其他国家。行为主义学习理论主要阐述了学习者在已有的学习行为基础上建立新的学习行为的过程。美国的教育学家、心理学家桑代克(Thorndike)与美国的心理学家华生(Watson)和斯金纳(Skinner)等是当时行为主义流派的主要代表人物。其主要观点有,学习者的学习活动是一种以公式S-R为判断机制的刺激和反应之间的联结。公式中的S代表的是刺激(stimulus),R代表的是反应(response),刺激是反应的成因,反应是刺激的结果。学习者的学习过程是不断尝试、犯错又再次尝试、循序渐进地取得最后的成功的过程。学习者学习结果成功与否的关键因素是学习者要在学习过程中不断强化自己的学习能力。

(二)认知主义学习理论

认知主义学习理论是由认知心理学发展而来的。认知心理学来源于格式塔学派。不同于行为主义心理学,认知心理学主要研究学习者在学习过程中的内部心理变化过程,如学习者对记忆的存储、加工、提取、记忆力减弱或行为增强的变化等。认知主义学习理论的主要代表人物有瑞士心理学家让·皮亚杰(Piaget),德国心理学家科勒

(Kohler),美国的心理学家及教育家布鲁纳(Bruner)、加涅(Gagne)、奥苏贝尔(Ausubel)等[1]。认知主义学习理论认为,学习者对某事物的认识不是由于受到外界刺激而产生的反应,而是由外界刺激和学习者的内在心理共同作用的结果。认知主义将学习者的主体看作一个信息加工系统,认知就是信息加工的过程。

认知主义流派对学习的观点主要有五点:

第一,学习不是行为主义学习理论中的刺激与反应的联结关系,而是对知识的重组。简单来说,学习是学习者对自身认知结构的组织与再组织,此关系可用公式S-A-T-R来表达,其中的S与R就是行为主义理论中所确定的刺激(stimulus)和反应(response),而A代表的是同化(assimilation),T代表的是主体的认知结构(cognitive structure)。

第二,学习是理解和顿悟的过程,不是逐渐尝试与错误的过程。也就是说,学习不能通过依赖试错来实现。

第三,学习是学习者对信息的加工过程。

第四,学习凭借的不是盲目的尝试,而是智力和理解。

第五,产生学习的必要因素不是为了强化主体的外在。

(三)建构主义学习理论

建构主义学习理论兴起于20世纪80年代末期,形成于行为主义理论与认知主义学习理论之后,是人们再次解读皮亚杰、杜威、维果斯基等人的教育理论思想时,逐渐衍生出的对教育心理学产生深远影响的一种学习理论。建构主义(constructivism)原本是在认知主义理论的基础上发展起来的,是认知主义的一个分支。认知主义强调,学习是学习者将客观知识结构内化为认知结构的过程;而建构主义认为,学习是学习者以已有的认知结构为基础,通过与外界的相互作用来建构内在知识结构的过程。

建构主义学习理论的观点主要有以下三点:

第一,学习是学习者的内在认知结构的触动建构过程与表征过程。学习者没有把外界知识被动地、机械地搬运到自己的脑中,而是以已有的认知结构为基础,与外界进行相互作用,主动积极地选择、加

---

[1] 高兰香:《大学物理有效教学的理论与实践研究》,上海,华东师范大学,2011。

工和处理信息，将其内化为自己的知识结构。

第二，个体对认知的建构与一定程度的社会文化背景和环境有关。有大部分的建构主义研究者认为，学习不仅是个体与外界的相互作用，社会性因素也同样重要，甚至比前者更重要。人类的心理活动往往与一定的社会文化、历史背景、风俗习惯等因素密切相连，个体对知识的构建和学习是在一定的社会文化背景中进行的，大部分知识都源于不同类型的社会实践活动。

第三，知识并不能准确地描述现实，只能对现实加以解释和假设，这是一些较激进的建构主义者强调的观点之一。他们认为，知识并不是现实事物的最终答案，反而会随着人类思想的进步被淘汰、被替换或被推翻。在某个具体问题中，并不能直接将知识拿来用，需要先分析其是否合理，然后才可以运用。

（四）人本主义学习理论

人本主义学习理论是在人本主义心理学的基础上发展而来的，强调发挥人的潜能——人性的自我实现。该理论更侧重人类个体自身对于发展的重要作用，认为学习是学习者本身能力的实现过程。人本主义与行为主义的不同之处在于，行为主义是从观察者的角度来解释个体的行为，而人本主义是从个体本身的角度来解释人的行为与思路。其观点主要有以下四点：

第一，若学习者自己意识到自己的学习是有意义的，那么有意义的学习才有可能发生，而且若学习是学习者自愿发起的，那么这样的学习对学习者来说更有意义。

第二，人类本身就具有想学习的欲望。

第三，若外界环境对学习者的学习不构成威胁，则该环境就会促进学习者的学习。

第四，学习者去学习如何才能有效地学习，对于学习者来说是非常有用的。

二、学习方式的分类

(一)自主学习

1.自主学习的含义

自主学习是以行为主义学习理论、认知建构主义、人本主义学习理论为理论基础的一种学习方式。“autonomous learning”翻译成中文为“自主学习”或“自发学习”。顾名思义,“自主”可理解为自己支配、自己主宰,而“自主学习”是指学习者自己对自己的学习活动进行支配和负责的一种学习方式。许多教育领域的学者们普遍认为,“自主学习”是与“他主学习”相对的学习方式。关于自主学习的概念,国内外的学者流派对其的解释各不相同,本质上却是大同小异的。行为主义学派认为,自主学习是学习者自我监控学习过程、自我指导学习策略、自我强化学习结果的学习方式。建构主义心理学家认为,自主学习是学习者根据自己的学习目标和学习能力而有意识地、积极地调整自己学习策略的过程。美国一位研究自主学习的心理学家齐默曼(Zimmermann)从不同的维度对自主学习的概念进行了界定。他认为,自主学习是学习者的元认知、动机、行为都能积极地参与到学习活动中的一种学习方式。学习者能够自己制订学习计划,在实施计划的过程中选取恰当的学习策略,创造良好的学习环境,监控自己的学习过程,并自己评价学习结果。

大部分学者认为自主学习包含三个方面的含义:

第一,自主学习是由学习者各方面的能力(包括制订学习计划的能力、选择合适学习策略的能力、对学习过程自我监控的能力及对学习结果自我评估的能力等)、学习态度、学习策略等因素综合起来的、能主导学习的内在机制。

第二,自主学习是指学习者对自己的整个学习活动有绝对的控制权,也就是整个教育机制需要对学习者的自由选择给予最大限度的宽容。

第三,自主学习是一种在满足学习者具有自主学习能力,以及教育机制能够提供足够的自主学习空间的前提下,由学习者根据总体的教学目标进行自我宏观调控的学习模式。

2. 自主学习的特征

(1)主动性

在传统的学习方式中,学习者只是被动地接受教师所传授的知识。由于教师比较侧重知识的传授及学生对知识的掌握程度,因此在学生的学习活动中,教师完全处于主导地位,学生则缺乏对学习的主动性和积极性。如果学生选择自主学习方式,那么情况截然不同,即学生学习的主动权完全掌握在自己手里,学生能够具有"学习是为了使我更好地发展,学习的过程需要我自己对自己负责"的意识。自主学习使学习者能够将"要我学"转变为"我要学",将学习变成自己的兴趣。这样,学生就会越来越想学习、越来越爱学习。所以,自主学习具有主动性的特点。

(2)独立性

自主学习注重强调学习者学习的独立性。自主学习要求学习者尽可能独立地控制并完成整个学习活动,包括对学习目标的确立、对学习计划的制订、对学习环境的营造、对合适的学习策略的选择、对学习过程的监控,以及对学习结果的评价。但对于独立性一开始较差的学生,教师可以对其加以指导和帮助,使学习者的独立学习能力在实践锻炼中逐渐增强,直至学生可以自己独立地控制自己的学习。

(3)监控性

自主学习最大的、最明显的特点,就是学习者对自己学习过程的自我监控。学生的学习过程靠的不是教师与家长的看护和主导,而是依靠自己的自觉性,积极主动地监控自己的学习过程。从确立学习目标到对学习结果的评价,以及对学习的自我补救,直至学生完成自己的学习任务和学习目标。

(4)相对性

虽然自主学习要求学习者完全独立自主地完成自己的学习活动,实际情况却有一定的差距。部分学生并不能完全独立自主地进行自己的学习过程,还有一部分学生因学校、教育机制等客观因素而影响了自主学习的自主性,导致自主学习在有些环节或维度上是自主的,在有些环节或维度上则缺少自主性。学生的学习就有非自主因子存在了。针对这种情况,学者们应进一步深入研究。

3.自主学习与自学的区别

自学是指学生在完全没有教师指导的情况下,绝对独立地进行学习活动的过程。尽管自主学习主要强调的是学习者自己对自己的学习活动和学习过程进行自我管理、自我监控,但这与自学还有一定的区别,两者之间是互相联系又不等同的。自主学习比较强调学习者的自学,但学习者对学习的控制权高于自学。自学的学习动机及对学习结果的评价都受到教育机制、教师、家长等因素的影响,并不完全由学习者自己决定与控制,非自主的因素比较多。

(二)合作学习

1.合作学习的含义

“cooperative learning”翻译成中文为“合作学习”或“协同学习”。合作学习是指多人为一个小组,各自分工又协同合作、互相帮助地完成学习任务,并以小组的整体表现为奖励依据的一种学习方式。合作学习是建立在建构主义学习理论、马斯洛的需要理论、维果斯基的认知学习理论的基础上的一种学习方式。合作学习是世界上大多数国家普遍采用的一种富有创新和实际效果显著的教学策略体系,被人们誉为20世纪70年代以来最成功且最重要的一项教学改革。美国著名教育家、教育评论家福茨(Fouts)与埃利斯(Elis)在《教育改革研究》一书中写道:“如果合作学习不是近年来最大的一次教学改革,也至少是最大的教学改革之一了。”

合作学习发展了这么多年,对合作学习有研究的流派非常多,各流派对合作学习概念的说法与解释也各有不同,如美国明尼苏达大学的研究员约翰逊兄弟(R.T Johnson & D.W Johnson)对合作学习的定义是:“合作学习就是使用小组教学的手段,使学生以共同活动的方式最大限度地促进自身的学习和他人的学习。”著名的教育心理学家沙伦(Sharon)博士说,合作学习是指一种更好地完成课堂教学、提高课堂效率的方法的总称,而这种方法的基本特点之一就是学生之间的合作共赢。教师将学生分组,每组3~5人,以小组为单位,各小组成员之间通过个人研究与相互交流的方式进行学习。我国学者王坦认为,合作学习是一种为了达成共同的学习目标和学习计划,而在异质小组中进行互帮互助、相互合作,并以小组整体表现为奖励依据的教学策略体系。

总的来说,合作学习以学习小组为基本形式,有明确的目标指导,强调以小组中成员的互动、合作为学习动力,以小组整体为评价对象,让学习的竞争性从个人竞争上升为小组之间的竞争,培养学生的团体意识。

2. 合作学习的特征

(1)群体性

合作学习是强调以集体授课和以合作学习小组的主要活动为主体和主要特征的教学与学习形式。同时,合作学习还有组内异质、组间同质的性质,既可以使学生个体之间相互学习、产生思维碰撞,又可以为学习小组之间的公平竞争创造很好的条件。虽然合作学习力求集体与个体的相互统一,但从整体来看,还是群体性更明显一些。

(2)互动性

传统教与学的互动性仅限于教师与学生之间的互动,且这种互动太过机械死板,不利于学生发散思维和创新能力的发展。合作学习则不局限于师生之间的互动,师生之间的互动可延伸到除师生互动以外的生生之间、师师之间的互动,并以生生之间的互动为主要焦点。因为合作学习认为,生生互动是教学活动能否成功、不可或缺的关键因素之一,是教学中亟待开发的宝贵资源,是能够充分利用教学中人力资源的一个环节。在传统教学活动中,虽然教师们也经常一起进行集体备课、评课,但并没有将这种形式正式地列入教学活动中加以统一和规范。合作学习则不同,在合作学习的教学活动中,教师之间的集体备课、评课、交流心得活动是必不可少的一个环节。这样可以扩大教学的外延,增强教师在教学上的创新能力。

(3)平等性

在合作学习的过程中,教师与学生的关系从以前的“权威—服从”变为了现在的“指导—学习”关系。教师角色变成了“导演”,而学生角色则是“演员”。从学生的认知特点出发,利用师生互动和生生互动,将大部分的课堂和时间留给学生,让学生之间相互切磋、相互交流,擦出不同思维之间的奇妙火花,从而增强学生的创新能力和学习能力。所以,合作学习的方式具有师生之间、生生之间的平等性。

(4)目标性

由于合作学习非常注重学生与学生之间的合作和交流,通过交流和合作提高学生的成绩,更是通过这种方式培养学生的认知能力,所以合作学习理论相较于传统学习理论更具有情感色彩。在小组学习的过程中,每位小组成员都有机会表达自己的看法、倾听小组其他成员的意见、接受其他成员的评价与指正。在这个不断交流的过程中,每个人都能完整并高效地完成自己的学科、知识、技能、情感、态度、价值观的更高目标,同时锻炼了自己的人际交往能力。

(三)探究式学习

1.探究式学习的含义

探究式学习是基于布鲁纳的发现学习理论的一种学习方式。探究式学习一词是由英文“inquiry learning”翻译而来的,“inquiry”是“探究、调查、查询”的意思,而汉语中的“探究”一词则为“寻求、探索、探查、研究”的意思。由此可见,将“inquiry learning”翻译为“探究式学习”是最为贴切的。探究是一个多层面、多过程的活动,包括观察现象、提出问题、浏览学习资料、制订探究计划、使用工具收集信息及有效地处理信息、根据实验结果进行分析判断,对所研究的问题进行解答、评价并交流。探究式学习是指学生就某学科领域或在生活中遇到某个问题,在教师的指导和帮助下,通过一些文本资料或实验设备,自主地、积极地寻求或建构所探究问题的答案、意义及理解,从而获得最基本的知识内容、学会基本技能,并深切体验情感、态度与价值观的过程。探究式学习大致可分为两种:接受式探究和发现式探究。学生作为学习的主体,需要自主地获取外部的信息。若学生所获得的信息是概念、定律或规律、结论,那么这种探究称为接受式探究。若学生所获得的信息是通过自主的观察、调查、实验、研究、反复论证而得出的,那么这种探究叫作发现式探究。

由以上探究式学习的概念可以看出,问题是探究式学习的源起与核心所在。在教师的指导帮助下,学生自己围绕这个问题进行一系列的自主探究活动,是该学习方式的基本特征。学生在探究学习的过程中,学会的不仅仅是基础知识与技能、情感态度、价值观,更重要的是实事求是的科学态度与探究精神，对所获得的数据、信息的处理方法及处理过程。

2. 探究式学习的特征

(1)过程性

探究式学习较为注重学生观察、发现、探究问题的过程，让学生通过自主探究的一系列活动去理解知识、解决问题，并不是直接将现成的结论或规律告诉学生。学生也不是直接通过教师得到知识、解决问题，而是靠自己发现问题、查询相关资料、设计相关实验等一系列活动，体会科学、人、自然、社会之间的联系。在这个亲身体验的过程中，学生既在实践中体验了生活，又获得了知识，还提升了自己的探究能力。

(2)开放性

探究式学习是一种较为开放的学习。学生在探究问题的过程中难免需要走出教室、离开课堂，去社会中、生活中找寻解决方案，且学生的探究结果往往会因学生选取的学习方法、途径的不同而不同。这就必然要突破原有的封闭式的课堂，置学生于更多元、开放、动态的学习环境之中。这样学生视野更开阔，不仅有利于学生更好地体验生活、体验科学与社会的联系，更有利于在学生掌握知识与技能的基础上，培养学生的创造性思维和提升学生解决问题的能力。

(3)交互性

正是由于探究式学习的开放性特点，在学生进行探究的过程中，采用不同的方法，站在不同的角度思考，往往得出的答案也大不相同，同一个问题可能会有不止一个答案。所以学习者在遇到问题时需要与同伴或合作者互相交流讨论，在交流中发现问题、解决问题。这样，每位学习者的潜能都能被最大限度地开发出来，从而提升自己的探究技能。

3. 探究式学习的分类

(1)定向探究与自由探究

根据教师与学生在探究学习过程中作用的不同，可以将探究式学习分为定向探究与自由探究。探究学习具有较多的环节与过程性活动，定向探究是指学生在探究过程中的自主性不够强，需要教师进行大量的指导、引领与帮助。自由探究是指学生在探究活动中独立自主地完成各种探究活动和环节，极少甚至不需要教师的帮助和指导。其实，在所有探究活动中，学生的自主程度都是连续的。学生是否需要教师的指导、需要教师进行多大程度的指导，都与这个自主程度成反比。随着学生自主性的增强，教师的帮助作用就会降低。所以，在实际的探究教学中，教师应该根据多种因素，灵活地组织自主程度不同的学生进行探究式学习活动。

（2）演绎探究与归纳探究

同一个问题，不同的人有不同的解题思维，根据思维方式的不同，可以将探究式学习分为演绎探究与归纳探究。若学生从某个具体事例出发，经历探究的过程得出了一般规律或结论，在此过程中，学生经历了从现象到结论的推理过程，这样的探究为归纳探究。如果教师直接给出某个概念或结论，让学生自己探究这个结论或规律与某个具体事例或某个现象之间的实质性联系和区别，这样的探究为演绎探究。在此过程中，学生主要对概括性的规律进行了检验和应用，并体验了应用规则，体验了从一般规律到具体事例的变化过程，以及它们之间的联系。

4.探究式学习的环节

一般情况下，探究式学习主要有以下七个环节。

（1）提出问题

学生根据生活经验、自然现象或教师所设置的特定情境发现问题并质疑，这是科学探究的第一步，也是整个探究活动的核心与基础。学生能对某种现象提出疑问，既说明学生已经独立思考过这个问题，也说明学生对某个学科充满了好奇心与求知欲，这对后续知识的建构提供了非常重要的自主性。

（2）猜想与假设

在这一环节中，学生需要根据已掌握的知识和方法，在对提出的问题进行科学的分析与判断之后，再做出合理的假设，并确定本次探究的主要内容与方向。

（3）设计实验（制订计划）

通过制订探究活动的计划，学生能明确探究过程中应该搜集何种信息，以什么方式、通过哪些途径去收集资料并确定所收集资料的范围与要求。通过对探究实验的设计，学生能很好地明确实验原理及其过程和实验过程所需器材,并初步构建实验数据处理的方法和思路。总之,这个步骤能让整个探究过程更井井有条、更科学。

(4)进行实验(实施计划)

物理是一门以实验为基础的学科,在这一步骤中,学生根据制订好的计划或者事先设计好的实验,开始着手收集材料,进行实验并记录实验数据与实验结果。

(5)分析论证

分析论证是指学生对科学实验的数据进行分析处理,或对实验现象及结果进行分析,通过推理论证的过程对结果做出解释并回答提出的问题。这样的数据只是对所进行实验的客观记录,而科学的结论应该是在这些数据的基础上进行分析论证后,所得出的具有普遍意义的一般规律。

(6)评估结果

评估结果就是学生对探究的过程、方法、结论及在此过程中对自己的学习进行反思评价。评估的过程不仅能够优化探究方案,而且能使学生在反思过程中再次增长知识、提升自己的一些技能。除此之外,在评估的过程中可能还会有新的发现或创新。学生在考虑猜想假设与探究结果之间的差异,以及在探究过程中尚未解决的问题时,还可能会产生新点子或新发现,有助于提高学生的创新性。

(7)交流合作

学生把自己探究的结果分享给他人并与其进行相互交流探讨,还可将自己探究的结果与新知识在其他学习情境中进行应用。这就使探究的过程与本身具有了一定的科学性。

第三节　教学模式分类

一、教学理论基础

（一）赞可夫：发展教学理论

苏联教育家赞可夫认为，教师教学的出发点和归宿是一般发展，即教师的教学效果应最大限度地促进学习者的智力、意志和情感等的发展。“教育”即教和育，教为教师将知识和技能教给学生，育则是培养学生的各项能力并满足学生的发展需求。需要注意的是，教师在教学过程中制定教学目标时，最好将学生的“最近发展区”考虑进去，即教学内容应适当增加难度。

赞可夫在其导师维果斯基的相关教学理论基础上，提出了教师在教学时应该遵循的五个原则：以高难度教学原则、以高速度教学原则、以理论主导教学原则、使学生理解学习过程原则、教学要照顾到全体学生的一般发展原则。

（二）布鲁姆：掌握学习教学理论

布鲁姆认为，所有人都能学习并且学到学校所教授的一切知识，都能达到制定的教学目标。影响学生学习效果的因素主要有学习时间、学生学习本课程的基础能力、教学质量、学习的持续能力、理解能力五个因素。学生没有取得较好的成绩的原因不是智力不过关，往往是没有找到与其相匹配的教学手段或学习时间不够。

掌握学习教学理论一般有以下五个步骤：第一步，诊断性评价，即测量学生的现有水平，教师根据这个水平制定教学目标；第二步，集体教学；第三步，阶段测验，测量学生的进步情况和存在问题；第四步，对已达到教学目标的学生进行巩固拓展，对未达到教学目标的学生帮助纠正，保证掌握度达到80%以上；第五步，学习下一阶段内容，并在学期期末甚至每一阶段学习结束时进行总结性评价。

(三)巴班斯基:教学过程最优化理论

教学过程最优化理论将教学过程视作一个系统,该系统的各组成部分都有教学过程参与者(教师和学生)、教学条件(物质条件、道德条件、心理条件等)、教学结构(教学目标、教学内容、教学方法、组织形式、教学效果等)等。教学过程最优化理论是在全面考虑到各部分因素及条件的基础上,以最小的代价取得最大化效果的教学理论。

评价最优化教学的两个标准分别是效果质量标准和时间标准。效果质量标准是指学生在各方面都达到本阶段实际上可能达到的水平。时间标准是指教师和学生都达到规定的教学课时和家庭作业时数。为了更好地达到教学最优化效果,教师在选择教学方案时应注意以下六个原则:一是方案必须包含教学过程中的各基本成分和环节;二是必须严格参照教学理论的所有原则;三是要根据教学内容、教学特点、组织形式等循序渐进地制定教学目标,并考虑整个系统可能的情况;四是选择某种教学方法或策略的优缺点应充分考虑到自己的特长和优势,选择适合自身条件的教学方法;五是可以选择多样化的教学方案;六是教学过程中的不可控因素较多,教师应随着教学过程中学生的变化逐渐改善方案。

(四)范例教学理论

范例教学又称范例性教学、示范方式教学等。范例教学是指利用优秀的示范性材料,帮助学生掌握个别到一般的规律性知识。范例教学的教学目标可总结为三个统一,即为解决问题的学习和系统性学习的统一、对知识的掌握和能力的培养的统一、主体与客体的统一。范例教学在教学内容的选择上遵循基本性、基础性、范例性。范例教学理论认为,教学要重新架构教学内容、选取学科典型材料,形成一个汇集各种知识的"稠密区",让学生在"稠密区"内进行思考和探究,从而达到触类旁通,通过掌握一个或一类材料而掌握同类型或其他类型的规律性知识。

施腾策尔将范例教学总结为四个阶段:第一阶段,通过具体、直观地示范个例,帮助学生抓住该个例的内在本质和特征;第二阶段,示范同类材料,让学生根据特点归纳推理,认识这一类事物的特征;第三阶段，理解和掌握该类事物的规律；第四阶段，获得认识社会与生活之间的联系阶段。

二、教学模式分类

（一）探究式教学模式

1.探究式教学的内涵

探究式教学模式是以布鲁纳的发现学习理论为理论基础的一种教学模式。“inquiry”一词意为“探究、探索、寻求”，探究式教学则为“inquiry teaching”。说到探究式教学，首先要明确什么是科学探究。科学探究是指在教育领域内，学生学习知识所进行的各种探究活动。探究式教学的含义可以总结为两层：一是以探究的方式获得知识与方法，培养科学态度；二是将科学探究本身作为课程的主要学习内容，学习各种探究的方法与步骤。探究式教学模式是以生活中的具体事例或具体问题为出发点，以解决问题为中心，让学生自主探究，从而提高学生的探究能力，培养学生的科学态度和科学素养。

我国物理教学大多数是包含第一层含义的探究式教学，而包含第二层含义的探究教学鲜少见到，往往被融入第一层中。需要注意的是，探究式教学模式以学生的实践探究为主要形式，不同的教学目标和课程逻辑会形成不同的教学形式。所以教师在进行探究式教学时，要考虑到课程内容的特点、数量、难易程度，以及学生的知识技能与水平等影响教学目标和课程逻辑的因素。

2.探究式教学的分类

探究式教学的分类方式较多，较典型的有两种分类方式。

第一，根据开放水平可分为结构探究、有指导的探究、开放探究。结构探究是指教师将要探究的问题和探究方法告诉学生，但不提示探究结论，让学生自己探究得出结论。有指导的探究是指教师将要探究的问题告诉学生，学生需要自己选择探究方法、查找探究材料进行探究并得出探究结论。开放探究是一种将所有自由权都交给学生的探究方式，包括提出问题、选择探究方法、进行探究并得出结论。

第二，依据探究目的的差异，将探究教学分为发现式探究、表达式探究、应用式探究和训练式探究。发现式探究是指为发现某个事物或问题的特点、本质、规律等进行的探究。表达式探究是指为表达或描述某个复杂的事物而创造一种形式化的表达方式的探究过程。应用式探究是指为了解决一些应用型的问题而进行的探究,该探究模式可以用已有的知识对一些疑难问题进行解释,可以用知识找出解决问题的方法,也可以通过制作一些仪器来解决问题。训练式探究是指为了训练并加强探究意识而进行的探究。

3.探究式教学的方法

不同的课程内容、课程目标及学生的认知水平,决定了探究式教学的形式、手段、环节等的不同。不同形式的探究式教学,其教学过程不同。目前,我国大学物理探究式教学中最常用的探究教学流程如下。

第一步,创设情境,提出问题。教师通过现代技术、实验、观察图片等方式引入一种情境,从中发现问题并让学生描述出来,教师再帮助学生明确要探究的主题,提供给学生探究所需的材料、仪器等。

第二步,猜想假设,设计实验。教师要让学生自己思考问题并设想可能的结果,同时设计合理的实验方案证明自己的假设。

第三步,实验探究,得出结论。学生根据自己设计好的实验方案、教师提供的资料及器材进行实践操作并完成实验,得出实际结论。

第四步,分析讨论,交流反思。学生比较实验所得的结果与猜想假设的结论有何区别。实验小组之间互相交流讨论并反思造成猜想结果与实际结论有差异的原因是什么,以及能否忽略实验误差对结果的影响等问题。

(二)自学—辅导教学模式

1.自学—辅导教学的概念

自学—辅导教学模式是基于建构主义学习理论和人本主义学习理论下的一种教学模式。自学—辅导教学模式是指学生在教师的指导下,以自学为主的学习过程。

学生要使用教师提供的资料或材料,自己寻找问题的答案,但可以讨论、交流各自的观点和意见。接着需要教师启发,在教师对学生进行知识重难点启发的基础上,学生对知识进行总结,并做一定的课后练习。在自学—辅导教学模式中,教师的主要职能从以前的系统性地讲授知识转变为以启发引导为主，学生的学习方式从被动地接受教师讲授的知识转变为现在的从内而外地自我建构知识。这既使学生掌握了知识，又可以培养学生独立自主学习的能力与习惯❶。

2. 自学—辅导教学的建构原则

自学—辅导教学的建构原则主要有以下四个。

(1)完整性原则

它是指应用自学—辅导教学模式进行教学时，必须囊括教学目标、教学方法、教学用具、教学过程、教学组织形式等方面内容。

(2)操作性原则

它是指该教学模式必须体现出可运用性和实践性。教学模式是教学理论的实践和具体化。所以在构建该教学模式时，应充分考虑大学物理教学的实践性，必须确保该教学模式的每一环节都是可操作的、可实践的。

(3)双主性原则

它是指在自学—辅导式教学模式中，应当体现以教师为主导、以学生为主体的作用。模式的设计应该紧紧围绕着学生的认知发展水平，以培养和提高学生的学习能力、学习兴趣为主，坚持以学生为主的教学原则。

(4)发展性原则

它是指教师在运用该模式进行教学时，还应该考虑学生今后各方面能力的发展。该教学模式不仅提倡培养学生的自主学习能力，而且强调在此基础上提升学生的合作学习和探究学习的能力。大学物理教学中，该模式的应用比较少见，所以还应该在实践中多作改进。

(三)抛锚式教学模式

1. 抛锚式教学的概念

抛锚式教学(anchored instruction mode)是基于建构主义学习理论和人本主义学习理论的一种教学模式。教师以生活中的实例或与生活息息相关的例子来为学生创造一种学习情境，给予学生一个好的学习动机，让学生能自发地学习并解决问题，以此来构建学生自己的知

❶刘焕欢:《自主学习能力导向的支架式教学活动设计与实践研究》，兰州，西北师范大学，2021。

识结构。“锚”是指教师为了创设某种学习情境而列举的某个具体的实例或抛出的某个问题。“抛锚”是指确定所要研究问题的过程，就好像船将锚抛出到水底后就能将船固定了一样。当这个问题确定之后，整节内容的逻辑思路与教学过程也就确定了，如此来激发学生的学习兴趣，让学生乐于学习知识，在解决问题、分析问题的过程中构建自己的知识框架。

2.抛锚式教学的实施步骤

（1）创设情境

教师给学生创设一个与生活实际密切相关的物理知识性的具体情境，这个情境可以是真实的，也可以是类似真实的。其目的是为学生的探究指明方向，同时让学生体验物理与生活实际之间的密切联系。

（2）确定问题

创造一个情境后，学生的注意力都在情境中，这时学生的学习兴趣非常高。在此时“抛锚”，即抛出要研究的问题，就能大致确定本节课的教学内容。但需要注意的是，抛出的问题应难度适中，应结合学生的“最近发展区”来确定问题。这样，学生就能通过自己的努力得到结果，增强成就感与学习动机。

（3）自主学习

确定问题后，学生应先进行自主探究学习。这个自主学习并不是指自学，而是教师提供给学生线索和资料，让学生根据自己已有的知识和资料扩充自己的知识结构。

（4）协作学习

抛锚式教学的优点之一就在于减少了教师讲、学生听的教学时间，将课堂交给学生。但因为学生的认知水平有差异，所以对问题和知识的理解难免会有些片面，这就需要教师或同伴的帮助。协作交流可以让学生的思想发生碰撞、相互融合，这样也就有助于学生理解最终答案。

（5）效果评价

抛锚式教学就是在处理问题的过程中收获知识，而学习的效果就体现在对问题解决的好坏上。在学生成绩的基础上进行自我评价、小组评价、教师评价等方面的评价，能更全面、更准确地反映学生的学习效果。

3.抛锚式教学的优点

(1)抛锚式教学是有意义的教学

学习者在情境中发现问题、确定问题、解决问题,并通过自主学习与合作学习扩展自己的知识框架,且每个学生对知识的理解都有不同。所以,抛锚式教学是多元化的、有意义的教学。

(2)对学生的发展起到很大的作用

抛锚式教学的特点之一是学生要建构具有一定深度的知识,而这就需要生生之间互助与合作,但合作的前提是学生本身对知识也有一定的具体认识。所以,抛锚式教学不但能提高学生的独立自主学习能力,而且能锻炼学生与人合作、交流的能力,以及语言表达的能力。

(3)抛锚式教学中教师的角色发生了较大的改变

教师变成了课堂教学的合作者,不仅要与学生共同建构知识,还要把控教学的节奏。学生遇到困难时教师可以提示,但不能将方法都告诉学生。更重要的是,在教学推进的过程中,教师要慢慢地减少教学中的"脚手架作用",让学生的学习逐步地接近独立自主。这样,教师的教学就不再是像教书匠一样拿着课本讲,而是用教材研究教学,从而转变成教育专家。

(四)范例教学模式

1.范例教学的概念

范例教学模式是一种以建构主义学习理论、范例教学理论为理论基础的教学模式。范例是指可供后来者参考的典型例子。范例教学即教师选取包含物理本质的典型例子,学生通过分析具体典型例子,从中观察分析某事物的特征、规律等,来掌握从个别到一般的学习知识的方法。这样既可以创新学生的思维,又可以培养学生独立思考、解决问题的能力。

范例教学要求教师在备课时确定清晰的教学目标。选取的范例要具有典型性和范例性。教学过程要遵循基本性、基础性、范例性等原则,让学生自己在范例中发现问题,自己探究,并寻找问题的答案。

2.范例教学的优势

(1)范例教学有助于学生更系统地掌握物理知识的原理

物理范例教学是利用基本性和基础性的原则进行教学，主张通过范例让学生对物理概念或物理规律形成从特殊到一般的系统性认识。在此过程中，既能让学生掌握这种分析事物的方法，也能让他们在今后的学习中快速地掌握其他知识。

(2)范例教学有助于促进学生知识迁移

范例教学是将典型的、好的例子加以剖析，让学生从中发现问题、独立地解决问题。教师起到引导学生分析的作用。在引导的过程中，可以发散学生的思维、增强创新意识，使学生将问题理解后加以创新，再进行迁移和应用。这样可以培养学生独立自主、合作探究的学习能力。

(五)合作教学模式

1.合作教学的概念

合作教学模式是以建构主义理论、多元智能理论、最近发展区理论为理论基础的一种教学模式。小组合作教学就是将整个班级分成规模为3~5人的若干个小组，在每个小组中分别确定一个小组长，再根据小组成员的能力和特长将教学任务进行分配，使他们承担不同的角色和位置，从而对教学任务展开合作学习，最后在小组内部进行异质交流、小组之间进行同质竞争的教学模式。

2.合作教学的特点

(1)合作教学能最大限度地激发学生的学习兴趣

分组合作的教学方式能充分体现以学生为本的教学原则，教师根据学生的发展需要和认知水平，将教学任务设置成不同难度的问题再分配给小组。小组通过合作交流得出答案，这样能极大地提高学生的学习兴趣。

(2)合作教学能培养学生的团队合作意识

教师将问题分配到小组后，组内每个人先独立思考，再在组内进行合作交流，最后在全班的小组之间再进行讨论。这样能让全班学生都参与到学习中，团结合作、共同进步。

(3)合作教学能有效地提高教学效率

俗话说:“众人拾柴火焰高。”众人的力量比一个人的力量要大得多。教师提出的问题有易有难,一个人可能无法将所有问题都解决掉,但大家的想法汇聚在一起,思想之间发生碰撞,就会有不一样的效果。教师在学生讨论得出结果的基础上再加以纠正或提点,能非常有效地提高课堂教学效率。

(4)合作教学能提高学生的多项能力

“授人以鱼,不如授人以渔。”教师不能只传授给学生知识,更重要的是传授给学生学习知识的方法和技能。合作教学能让学生在与同伴交流和探究的过程中,既学到知识和方法,又锻炼团结协作的交际能力。

(六)发现式教学模式

1.发现式教学的概念

发现式教学模式是以布鲁纳发现学习论为理论基础的一种教学模式。发现式教学模式是指教师引导学生发现问题、分析问题、解决问题,以学生发现问题和探索、解决问题为主要目标的一种教学模式。这种教学模式非常注重学生学习的过程与方法,而不是结果,教师要引导学生,而不能将结果告诉学生。它充分体现了“教师为辅导、以学生为主体”的教学理念。

2.发现式教学的实施步骤

(1)引导学生提出问题

提出一个问题往往比解决一个问题更重要。因为解决问题需要的是知识和技巧,而提出问题却需要有创造性的大脑。教师首先创设相关的情境并启发学生,让学生在情境中发现问题、分析问题,寻求解决问题的方法,直至解决问题。

(2)引导学生对问题提出假设

教师启发学生发现问题并提出问题后,就要着手解决问题。引导学生运用现有知识对提出的问题先分析,再做出合理的假设,并设计验证假设的方案。在这个过程中,学生的思维都比较活跃、开放,积极性也较高。

(3)形成概念

假设被提出后就要接着论证假设的正确性。学生要根据自己设计的方案进行论证。若假设成立,那么这就是本节课学生要学习的内容,并且学生要将这些知识进行归纳总结,从而形成物理概念。

(4)知识迁移

教师要引导学生应用形成的概念,这样既能巩固学生对该知识的记忆,也能增强学生对知识的理解。

(七)支架式教学模式

1. 支架式教学的概念

支架式教学是基于建构主义学习理论、认知主义学习理论的一种教学模式。“支架”一词的原意是,在建筑行业中,工人们在建造、修屋时所用来提供暂时性的、起支撑作用的脚手架。当房屋建好之后,脚手架就会被撤去,只剩建筑物。在教育中,学生的学习和成长需要成人或较强的同伴的协助,这种协助应该建立在学生当前的认知层面和结构基础上。当学生的认知水平逐渐增强到一定程度的时候,就能自己建构知识、自己完成学习任务。所以,教师的教其实就是在为学生搭“脚手架”,当学生的学习能力和认知水平达到能自己完成学习任务的时候,教师就可以及时地撤掉支架。

2. 支架式教学的环节

(1)搭建支架

教师需要根据教学的内容,结合学生的“最近发展区”搭建适合的支架,使学生按照教师搭建的支架逐步达到能自己学习的高度。

(2)进入情境

教师需根据搭建好的支架,寻找合适的契机,将学生带入合适的情境中。

(3)独立探索

在学生独立探索初期,教师应该对学生加以引导和启发,并提供相关知识概念及原理。在学生探索中期,教师可为学生提供合适的支架,使学生沿着支架上升。学生达到探索后期时,教师可逐渐撤掉支架,让学生自己探索。

(4)协作学习

教师将学生进行分组,然后以小组为单位进行讨论。教师可在组间巡视,然后加以提示和指导。最后让小组进行汇报交流,使学生能全面学习到本节知识。

(5)效果评价

教师引导学生对自己所学内容和学习过程进行自我评价、小组评价。教师在此过程中既要关注学生的学习过程,又要关注学生的学习结果。

第四节　学与教方式有效结合案例

将学生的有效学习方式与教师的有效教学模式互相同化、融合,能分别将学习方式和教学模式的作用最大化地发挥出来,教育效果更佳。根据对物理学习和教学中几种常见方式的研究,将能达到更好效果的方式两两结合,总结出以下几个案例[1]。

一、合作学习——支架式教学

“机械能守恒定律”(片段)教学过程如表2-1所示。

表2-1　“机械能守恒定律”(片段)教学过程

教师活动	学生活动	探究学习	合作教学
一、新课引入 前面我们已经学习过动能、重力势能和弹性势能的相关概念和表达式,且不同形式的能量之间是可以相互转化的。 而物体所受的合外力对物体所做的功的大小等于物体动能的变化,重力对物体做的功等于物体初末位置的重力势能之差。 今天这节课我们就来定量的学习动能与势能之间的转化以及转化的规律	课前按照分组坐好	划分小组	搭建支架

[1]伏振兴:《物理基础教学改革研究》,银川,阳光出版社,2019。

续表

教师活动	学生活动	探究学习	合作教学
二、推进新课 动能和势能的转化演示单摆： 如图2-1所示，将用细线悬挂的小球在A点释放，若不考虑空气阻力，则小球可以到达与A点等高的C点。到达C点后又往回摆，继续到达A点所在的高度 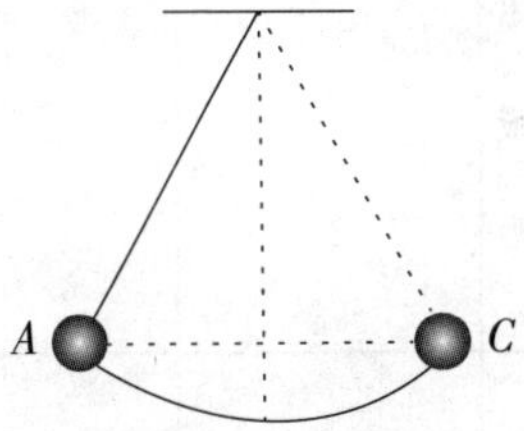 A　C 图2-1　单摆	学生观察单摆运动		学生进入情境
请大家先独立思考，再小组讨论以下两个问题： (1)在整个过程中，有哪些力做功 (2)动能与势能如何变化	学生先独立思考，再讨论交流	讨论交流、合作学习	独立探索、协作学习

续表

<table>
<tr><th>教师活动</th><th>学生活动</th><th>探究学习</th><th>合作教学</th></tr>
<tr><td>请每个小组派出一位代表来说一说你们的讨论结果
同学们说得很对，所以当小球运动到最低点时，速度达到最大，在A点和C点时小球速度最小。从A点运动到最低点的过程中，动能增大，重力势能减小，重力势能转化为动能；从最低点运动到C点的过程中，动能减小，重力势能增大，动能转化为重力势能。在整个过程中，动能和重力势能的总和保持不变。
同理，弹性势能和动能之间也可以相互转化。例如，拉弓射箭的过程中弹力做正功，弹性势能减小，物体的速度增大，动能增加，我们把动能、重力势能、弹性势能统称为机械能</td><td>所有小组都能得到以下结论：
(1)小球从A点运动到C点的过程中，只有重力做功
(2)小球从A点到最低点的过程中速度不断增大，动能逐渐增大，重力做正功，重力势能减小；从最低点到C点的过程中速度逐渐减小，动能逐渐减小，重力做负功，重力势能逐渐增大</td><td>讨论交流、合作学习</td><td>独立探索、协作学习</td></tr>
<tr><td>请每个小组的每位成员都举出动能与重力势能或弹性势能互相转化的例子并加以分析，然后每位组员对这位同学的分析打分，并说明你打这个分数的原因，以十分为满分，现在开始(教师巡视学生对学习任务的完成情况)</td><td rowspan="2">学生所举例子中，以弹簧为例分析弹性势能与动能转化和以小球从光滑斜面滚下为例分析动能和重力势能互相转化的居多，还有以圆周运动为例分析机械能是否守恒的(学习兴趣很高、气氛比较活跃)</td><td rowspan="2">独立思考、合作交流</td><td rowspan="2">效果评价</td></tr>
<tr><td>教师对整节课所有学生的表现做出记录与评价</td></tr>
</table>

二、合作学习——抛锚式教学

“生活中的圆周运动”(片段)教学过程如表2-2所示。

表2-2　“生活中的圆周运动”(片段)教学过程

教师活动	学生活动	合作教学环节	抛锚式教学环节
创设情境、引入新课将全班学生按照合作学习分组原则进行分组		学生分组	创设情境
请大家思考并讨论： (1)为什么赛车会侧滑 (2)什么样的办法可以让赛车手既不用减速,又能保证不发生侧滑			
大家都知道林志颖是谁吧？对,他是一位明星,但了解他的人都知道他不仅是一位明星,还是一位国际赛车手。他在参加国际比赛时,开着赛车经过弯道时都要减速,如果不减速的话会发生侧滑,这样会有生命危险	学生先独立思考,再与小组成员进行讨论交流	以组内异质、组间同质的形式进行组内和组间的讨论交流与合作学习	抛“锚”,让学生自己独立思考问题
讨论结束,请每个小组派出一位代表来说一说你们组的观点	学生回答:因为赛车转弯时做圆周运动、静摩擦力提供向心力,当摩擦力不足以提供向心力时就会侧滑		
我们先看一个更典型的例子:火车转弯的问题(课件展示火车转弯的相关图片)。火车转弯时的运动近似为圆周运动,铁轨对轮缘的压力提供向心力,这会对轮缘和铁轨造成磨损,而铁路工人经常将火车转弯处的铁轨外侧垫高。请大家思考这是为什么	学生思考后回答：因为火车转弯需要向心力。将外侧垫高的话可以提供火车所需要的向心力		
能通过画图来表示一下吗?	有的学生能勉强画出示意图,大多数学生表示不会作图		
请小组内讨论一下如何通过画图说明垫高铁轨能提供火车需要的向心力	学生分组讨论	合作交流	协作学习

续表

教师活动	学生活动	合作教学环节	抛锚式教学环节
检查讨论结果	当把铁轨的一端垫高后，火车受到的重力与支持力的合力提供火车做圆周运动的向心力		
对的，这样火车的轮缘就不会挤压内外铁轨，因此也能起到保护铁轨的作用，且有 $mf\tan\theta = m\frac{v_0^2}{r}$，则 $v_0 = \sqrt{gr\tan\theta}$。所以，若要使火车转弯时对铁轨无磨损，就要以规定的速度行驶	学生讨论： （1）当 $v = v_0$ 时，$F_{合} = F_{向}$ 向，火车对内外铁轨均无压力 （2）当 $v > v_0$ 时，$F_{合} < F_{向}$，火车对外侧铁轨有压力 （3）当 $v < v_0$ 时，$F_{合} > F_{向}$，火车对内侧铁轨有压力	讨论交流，学生之间取长补短，提升理解力与语言交流能力	
课堂训练：通常情况下，火车转弯处的铁轨两侧都是有高度差的，对此说法正确的是（ ） A.为了让火车顺利转弯，减少车轮与铁轨间的摩擦 B.火车速度越小，车轮对内侧铁轨的压力越小 C.火车速度越大，车轮对外侧铁轨的压力越大 D.这是为了使火车转弯时，由重力和支持力的合力提供部分向心力	学生对错比较明显，有一部分学生不会分析		学习效果评测

第三章 大学物理教学改革与实践概述

第一节 大学物理教学中创新教育的途径

“创新是一个民族进步的灵魂，是一个国家兴旺发达的不竭动力。如果自主创新能力上不去，一味靠技术引进，就永远难以摆脱技术落后的局面。一个没有创新能力的民族，难以屹立于世界先进民族之林。”创新是知识经济时代精神的集中体现，也是高等教育最主要的目标。运用良好的教育手段来培养学生的创新能力是必要的，也是可行的。然而，何谓创新？何谓创新教育？其丰富的内涵和外延是我们每一个有志于在大学从事物理教育教学的人深思的问题。如果这个问题解决不好，就不能从思想上树立正确的教育理念，也不能从行动上，即在具体的大学物理课堂教学过程中实施和渗透创新教育。

物理学是研究物质的最基本、最普遍的运动形式和相互作用，以及物质的基本结构的科学。物理学本身就是一门以探究为基础的学科，物理学的建立和发展过程本质上就是一个创新的过程。所以对物理学的学习和研究，以及为培养学生的创新能力、发展学生的创新思维提供了资源和平台。教学是学校培养人才的基本途径，是实现培养目标的主要方式，是培养学生各方面能力和个性，使其全面发展的重要环节[1]。

一、大学物理教学中创新教育的障碍

通过上面的讨论可以得知，在物理学中有很多优越的、有利于创新教育的条件，但是在教学中凸显创新教育不是一句空话。现实的教学中有很多不利于创新教育的因素，只有把这些因素分析解决好，才能更好地实施创新教育。

---

[1]周志坚：《大学物理教程》，成都，四川大学出版社，2017。

(一)学生单一地接受书本知识

受传统教学模式的影响,学生在上课时通常只是简单地接受教科书中的概念、定律和定理,虽然这样积累了学生的知识,而且知识的积累是创造的基础,但它与学生创新能力的提高不一定成正比。所以,学生在积累知识的同时,要探究一个物理概念是怎样形成的、一个物理定律是怎样被发现的、一个物理定理是怎样推导出来的,要探究它们在物理学中的意义,并从中学习物理学家们的创新过程,从而拓宽自己的思路,达到发展自己创新思维能力的目的。例如,在学习电磁学中电磁场与电磁波一章时,教师可以提出位移电流是怎样引入的、它对电磁学的发展有怎样的意义、麦克斯韦方程组是怎样建立起来的等一系列的问题,并告知学生以后都应该像这样对书本上的知识提出问题,并自己查阅相关资料、找到答案。这样,学生就学到了教科书上没有的知识,拓宽了自己的创新思路。

(二)大班式教学影响学生与教师之间的交流

随着高等学校的逐年扩招,学生人数也越来越多,一个班达到了七八十人,再加上物理各学科的内容较多,课时都安排得很紧,教师没有充足的时间与学生进行交流。在课堂上,一些已经具有创新意识的学生会提出一些创新的想法,这不但对自己的创新能力是一种提高,更重要的是感染了其他还没有创新意识的同学,这对于他们来说是很好的激励。当然,学生提出的这些想法都需要评价,但由于时间关系,有的教师可能会对这些想法不予理睬或者让学生课后再来讨论,但最终又没有讨论。这样对学生的创造积极性是很大的打击,很明显,这对创新思维的发展是有害的。所以,增强学生与教师之间的交流是必要的。

要解决这一问题的方法有很多。对于学生在课堂上的积极提问要给予极大的鼓励和表扬,这样就保护了学生的创新意识和积极性。另外,对于学生提出的新思维、新方法和新问题要进行评价。若学生提出了正确的认识,教师要给以肯定,让学生获得成功的喜悦感;若学生认识是错误的,教师也要对学生的敢于提问的精神加以表扬。但是,课堂上时间有限,教师应该怎样做呢?例如,教师可以利用好学生的作业本,在作业本中开设“交流信箱”板块。教师可以在此板块对学生在课堂上的提问进行反馈，学生也可以把课后的一些思考反映在上面。这样既解决了交流问题，又可以让性格腼腆的学生提出自己的想法，同时全班同学都可以得到创新思维的训练。教师还可以把"交流信箱"作为期末考评的一部分，所以它也是一种督促。

（三）缺乏学习兴趣

兴趣是人力求认识、探索某种事物或某种活动的心理倾向，具有强烈的积极情绪色彩，是从事各种活动的重要动力。它可以激发情感，增进观察力的敏锐度。作为非智力因素，兴趣对创新思维有着重要的影响。孔子说过："知之者不如好之者，好之者不如乐之者。"所以，兴趣是创新的源泉，没有兴趣就没有了创新的意识，更谈不上创新思维的培养了。

随着学年的增长，特别是到了大三，物理学的内容越来越深奥。由于部分内容听不懂，学生普遍反映，以前对物理还感兴趣，现在越学越没有激情。特别是物理师范类学生，他们觉得学习理论物理对以后的中学教学没有一点儿用处，学好普通物理就够了。教师除了要纠正他们的错误思想，更重要的是要提高学生的学习兴趣。教师可以在课堂上多把物理知识与生活相结合，多提一些生活中与物理息息相关的问题。让学生在学习到物理新知识的同时，多问问这些知识能干些什么，在生活中找到物理知识的原型，让学生知道物理学就在我们身边。这样，就极大地缓解了学生学习物理时内心的空洞感。同时，教师要多介绍一些物理学前沿的情况，让学生了解现在的物理学家们都在研究些什么，这些研究会对我们的生活产生什么样的影响，这样可以激发学生的学习兴趣。总之，只有让学生对物理学有了浓厚的兴趣，才能对它产生特别的追求，使创新思维启动和发展下去。

（四）作业形式比较单一

长期以来，大学物理的课后作业都是教材上的课后习题或教师补充的典型题目。这对于快速准确地掌握和理解所学的内容是必要的，符合对知识的强化原理。但这种单一的作业形式，其力量比较薄弱，且对学生创新思维能力的培养收效甚微。教师应该使作业的模式多样化，特别是增加一些没有唯一答案的开放性问题和没有初始条件的原始问题。这能为学生创造性地解决问题提供条件,使他们尽可能地张开想象的翅膀,灵活运用所学知识分析和解决问题,发展他们的创新能力。除了布置题目,教师还可以让学生自己任意选择一个生活中的对象,然后设计或挖掘一些与这个对象相关的物理问题或题目,最后得出解决问题的方法或得出答案。这不仅体现了物理在生活中的应用,而且训练了学生的创新思维。此外,教师还可以让学生参与一些简单课题的研究,这样可以增长学生的见识和拓宽学生的思路。当然,这种做法在我国还处于起步阶段。总之,大学物理的作业应当多样化,在掌握知识的同时培养学生的创新思维。

(五)忽略了科学方法渗透性教学

对于学生来说,学习方法比学习知识更重要,掌握科学的方法可以使学习更有效率。因为科学的方法可以使学生更有效地进行思考,为问题的解决提供便捷的途径。同时,创新思维与科学方法之间有着密不可分的联系。

创新思维既是对逻辑思维和辩证思维的灵活运用,又是一种突破常规、打破一般定式思维习惯,在立体、多向、发散等方面显示其不同一般的思维活动,如想象、灵感等。它的"灵活运用"和"不同一般"就必将凸显出教师的责任。为什么一些学生对比较、类比方法的联系与区别分不清?为什么许多学生不能举例说明因果联系归纳法?为什么一些师范类学生毕业后,无法在中学课堂上把比值定义法和控制变量法阐述清楚?如果教师不在大学物理课堂的教学中渗透科学方法的教育,学生又怎么可能谈得上对逻辑思维和辩证思维的灵活运用?如果教师不鼓励学生大胆想象,他们又怎么能有不同一般的思考呢?总之,没有科学的思维方法,不仅不能实现创新,而且会事倍功半,甚至会徒劳无功。因此,教师在教学中渗透科学方法的教学尤为重要。

(六)忽略了物理学史的教学

物理学史是人类对自然界中各种物理现象认识的历史,也是物理学概念和思想的发展与变革的历史。不管对学生、教师,还是物理工作者,物理学史都是一笔巨大的财富。把物理学史引入物理教学中已经成为物理教学改革中的一个重要课题。它对物理教学具有许多重要的作用，其中一个就是能够培养学生的创新思维。首先，通过介绍物理学家的生平和物理现象的发现过程，能够激发学生的兴趣，有了兴趣学生才有学习的动机和创新意识。其次，物理学的发展与变革都是从发现问题、分析问题和解决问题开始的。发现和提出问题正是创新的开始，通过学习物理学家们发现和提出问题的过程，可以培养学生的质疑精神和提出创新性问题的能力。最后，在分析问题和解决问题的过程中，又体现着物理学家们的科学分析方法和思维方法，这有助于提高学生的思维能力和掌握科学方法。

在实际教学过程中，对于物理学史的处理，许多物理教师只是即兴地讲讲，并没有把它和教学合理地、有机地结合在一起，学生也只是听听故事图个新鲜，甚至对于一些物理学家的趣闻只是一笑了之。虽然这样对于提高学生的学习兴趣有一定的帮助，但没有达到培养学生创新思维能力的目的。教师在把物理学史引入课堂时，一定要引导学生做深层的思考，要让他们思考"我能从中学到什么"。当然，怎样把物理学史和物理教学合理地、有机地结合在一起，对此仍在不断探索和实践中，但教师和学生一定要认识到它的重要性。

（七）教学中物理与其他学科的联系太少

随着科学的发展和科技的进步，各个学科之间的联系越来越紧密，各交叉学科都在快速的发展中。生活中的一些问题已经不是只靠某一学科就能解决的，而是要用到多门学科的知识。在实际教学中，教师只是传授物理学知识，很少介绍物理与其他学科之间的联系。这无形中在物理和其他科学之间建起了一道壁垒，使学生的知识面变得狭窄。这对创新思维能力的培养是不利的。只有让学生的知识面变得广阔，他们才能开阔眼界，才能接收并储备来自多方面的各种信息。这样就有助于扩大其思维的广度，增强其思维的灵活性和流畅性，从而使学生不仅能够注意多方面的新问题，寻找到独特的研究视角，还能使他们更善于对以往知识和经验进行重新组合，形成创新。

所以，在课堂上，教师在注重让学生掌握物理知识的同时，要适当介绍物理在其他学科中的应用，如物理在化学、医学、生物等学科中的应用，以及这些应用解决了哪些具体问题等，从而拓宽学生的知识衔接面。

二、大学物理教学的创新途径

(一)引导学生创新学习

学生是学习的主体,而教师是学生学习的引导者。在提倡创新教育的今天,大学物理教师应该在课堂上更多地关注学生无意或有意表现出来的创新的火花和创新的作为,并小心呵护,不能放过任何一个培养学生创新意识和创新人格的机会,做学生创新学习的促进者,这样才能把创新教育真正落到实处。

1.关注学生创新的火花

在学生的学习和生活中,经常会体现出创新思维和想象的表现,但这些创新的萌动常常被教师忽略,甚至被他们自己忽略。所以,在日常生活和学习中,关注学生创新的火花并加以呵护,是教师的职责所在。

(1)鼓励提问

问题是一切创新活动的出发点,只有提出了问题,才有了对真理的渴望和学习探索的动力,并能激起更高层次的思维活动。但是,在实际的大学物理教学中,在课堂上提问的学生越来越少了。是学生没有问题吗?是学生把课本知识都弄懂了吗?其实不然,学生在大学物理学习中有许多问题,有关于解题的问题、有关于理论理解的问题、有关于物理学本质的问题等。在问及为什么有这么多问题却不提出来的时候,大多数学生是因为“不好意思问教师,大都以小组为单位进行小范围探讨,但常常没有什么结果”。

(2)鼓励大胆想象

想象是人脑对已有表象进行加工和改造,创造出新形象的心理过程。丰富的想象力是创新思维的可贵品质,科学的发展与进步常常受益于想象的创造性功能。爱尔兰裔英国物理学家廷德尔说过:“有了精确的实验和观测作为研究的依据,想象力便成为自然科学理论的设计师。”爱因斯坦在总结自己的科研经验时曾经说过:“想象比知识更重要,因为知识是有限的,而想象力概括着世界上的一切,推动着进步,并且是知识进化的源泉,严格地说,想象力是科学研究中的实在因素。”

翻开物理学发展史，从经典力学到相对论，从牛顿到爱因斯坦，物理学的每个新规律的发现，每个新理论的建立，无不源于物理学家们的大胆想象。例如，牛顿在他的《自然哲学的数学原理》一书中写道："如果从山顶用弹药以一定速度把一个铅球射出去，那么它将沿一条曲线射到两英里外才落到地面；如果能清除空气阻力，而发射速度增加两倍或十倍，那么铅球的射程会增……以此增加下去甚至可以把它发射到空中去，在那里继续运动以至于无穷远而永不落到地面。"火箭、宇宙飞船、人造卫星的出现，正是源于当年牛顿这幅想象的画面；意大利物理学家伽利略想象小球从绝对光滑的斜面滑至绝对光滑的平面，那么小球将沿平面永远地运动下去，而牛顿在此基础上建立了惯性定律；英国物理学家迈克尔·法拉第想象的"电力线"不仅为深入研究电磁理论勾画了理想模型，而且成了麦克斯韦创立系统电磁理论的基础；爱因斯坦为了说明时间的相对性，想象了光速列车的理想实验；等等。

通过上面的讨论可以得出，想象是创新的翅膀。想象和问题意识是相辅相成的，想象可以产生新的问题，同时想象又是解决问题的初始阶段。在课堂教学中，教师应该多鼓励学生们去想象、去猜想。对于学生提出来的想象，教师应该积极地表扬。不管他们的想象看似多么漫无边际，教师都应该保护它，让学生插着想象的翅膀愉快地学习。

2.关注学生的创新思维

在大学物理教学中，学生的创新思维主要体现在运用所学的物理知识来解决实际的物理问题上，最基本的就是解答物理习题。如何才能在解题的同时做到知识的灵活运用，以锻炼学生的创新思维呢？这是大学物理教师应该关注的问题。

(1)鼓励一题多解

物理习题的练习是学习物理的重要一环。因为解题过程就是把抽象的概念、定理和定律与具体的物理过程联系起来，把物理知识转化为实际解决问题的能力，特别是创新思维能力的有机过程。在这个过程中，不仅加深和巩固了对物理基础知识的理解，还可以培养学生思维的变通性、灵活性和独特性，能有效地贯通知识、广开思路，培养和训练学生的创新思维。

一题多解是通过多种途径或方式,采用不同的物理规律或方法,从多个侧面深入认识同一个物理问题的过程。这正是发散思维的结果。因此,要求学生做到一题多解是必要的。

(2)鼓励一题多变

一题多变是指将一道基本习题,通过改变题设条件,而变成许多道有关的习题。它能使知识深化,培养学生举一反三的思维能力和综合分析的能力。一题多变是教师在习题课上非常重要的教学手段,但这不是教师的特权,教师应该大力提倡学生在平时学习和练习时也要多加思考,做到一题多变。

(3)鼓励一题巧解

一题巧解同样可以锻炼学生的创新思维。同一道题,有的解法很烦琐,解题过程中的物理意义不甚明确,而一些巧妙的解法不仅使解题时间和解题步骤大为减少,物理意义也十分明确。所以,教师应该鼓励学生在运用物理知识解决实际问题时,放飞思维,寻求最简洁和最明了的方法,尽量做到一题巧解。

通过一题多解、一题多变和一题巧解能够很好地使学生的发散思维和聚敛思维结合起来,是学生获得灵感和顿悟的有效手段,能有效地使学生克服定式思维的影响,做到知识的正向迁移,从而发展学生的创新思维能力。

(二)积极研究创新教育

创新教育是以创新人格的培养为核心,以创新思维的激发为手段,以培养学生的创新意识、创新精神和基本创新能力,以及促进学生和谐发展为主要特征的素质教育。如何在教学中体现创新教育,用创新思维方法去培养学生的创新意识、创新精神和创新能力,是需要教师们认真研究的。

1.寓物理学史于大学物理教学中

物理学史是人类对自然界中各种物理现象的认识史,是物理学概念、基本规律、理论及思想发生、发展和变革的历史,它蕴含着巨大的精神财富。纵观物理学的发生和发展过程,无不体现着物理学家们的创新思维、创新人格和创新精神。可以说,物理学史就是一部创新史,它对学生创新能力的培养有着巨大的和独特的功能。

(1)体验发现历程,培养创新精神

科学的本质在于探索,科学的生命在于创新。在科学的探索过程中没有平坦的大道可走,每个科学理论的进步与发展都经历了艰辛坎坷的过程,只有那些不畏艰险、勇往直前的人才会最终到达科学的巅峰。

在大学物理教学中,教师可以在适当的教学环节中,把物理学史中著名的发现事例引入课堂,让学生感受物理学家们的发现思路和发现历程,培养学生的创新精神。

(2)鼓励怀疑精神,培养创新人格

学生现在的学习多为接受学习。书本上怎么写的,学生怎么学;专家学者们怎么说,学生就怎么做,很少质疑权威。这对创新来说是致命的。当然,这也是因为学生在大学里所学的物理学是已经成熟了的理论。但真理总是不断发展的,如果没有质疑,哪来的问题?如果没有问题,哪来的创新呢?在物理的发展过程中,从质疑到创新的例子比比皆是。在教学中,通过物理学史的引入,学习物理学家们的怀疑精神,培养学生"不唯上,不唯书"和善于独立思考的创新人格是十分必要的。

2.寓物理学方法于教学中

物理学的探究和发展,无论是概念的建立还是规律的发现、概括,都需要思维的加工,科学的思维方法是分析和解决物理问题的关键。正如爱因斯坦评价伽利略时曾说:"他的发现以及他所用的科学推理方法是人类思想史上最伟大的成就之一,而且标志着物理学的真正开端。"寓科学思维方法培养于物理教学中,是培养学生创新思维的主要途径。因此,物理教学的目的必须由单纯地传授知识向探讨创造性思维及其培养途径方向转化,培养的人才要具有创造性和可持续发展的潜力。

(1)挖掘物理学方法的资源

物理教材中的科学方法因素大多数是隐含的,科学方法教育大多也是隐含的。所以,在大学物理教学中,对学生进行科学方法教育必须与物理知识的教学相结合,与学生解题训练相结合。从知识的角度来看,物理教学是学生在教师的指导下,能动地认识物理现象的本质和规律的过程。用方法论观点分析学生的认识过程与物理学家探究物理世界的过程,有一定的相似之处。两者都是从问题出发,都要检索已有的知识,都要用到观察实验方法、科学思维方法和教学方法等。物理学家要根据理论和假设去解释或预言物理现象,学生需根据所学理论方法去解释物理现象或有关实际问题。由此可以看出,两者解决问题的模式几乎相同,只是创造性和复杂性的程度不同而已。这就决定了物理科学方法教育必须寓于知识传授中。

物理方法既与知识相互依存,又具有相对独立性。所以,方法教育既需要潜移默化,又需要特意训练,还要制定出教育目标。在教学中,教师应当深入钻研物理教材,吃透物理教材,提炼出物理教材中的科学方法,在确定知识教育目标的同时,确定出物理方法教育的目标。要结合物理教材,明确不同阶段物理方法教育的重点、难点,对于不同的物理方法,提出不同的要求,并结合学生的认知水平和具体的教学内容制订出可操作的培养计划。

由于教材中的物理学方法都渗透在每个物理概念中,或者说每个物理规律的发现,每个物理概念的形成都存在一种或多种物理方法。这就要求教师在解读物理教材时要注意对物理学方法的挖掘,这是一项不容忽视的工作。

(2)寓物理学方法于教学中

寓物理学方法于教学中的手段或方法有很多,可以在理论课上引入,也可以在习题课上引入,关键要自然地引入,不要强行加在并不合适的教学环节。这也是大学物理教育工作者们值得研究的。例如,牛顿第一运动定律的建立就融入观察法、科学抽象及逻辑思维等方法。在这一节,教师可以从牛顿第一定律的建立过程入手,来达到科学方法教育的目的。

教学中合理运用科学方法,可以化解难点、突出重点,并提高课堂教学效率。更重要的是,通过渗透科学方法的教学,使学生掌握正确的方法以指导以后的学习和工作,增强他们的主动性,克服其盲目性,同时培养学生的创新能力,开发学生的创新潜质。

第二节　大学物理课程开放式教学实践

开放式教学模式将书本之外的知识引入课堂教学过程中，扩充了知识范围，激发了学生的学习兴趣与探索欲望，因此受到高等教育工作者的重视。目前流行的慕课、翻转课堂等教学模式，正是基于开放式教学模式，借助互联网技术实现的。该模式增加了学生自主学习的机会，强化了师生之间的互动，受到了学生的好评。

一、应用型本科院校的大学物理课程开放式教学的背景

（一）大学物理课时安排较少

一些应用型本科院校为达到应用型、综合型人才的培养目标，专业课程与实践环节所占比重较大，且强化数学、英语和计算机等课程训练，以适应学生考研与考证需求。这些院校的大学物理课程主要面向材料、机电、信息等工科专业开设，基本分为上、下两部分并设置在一年级的两个学期，共80学时左右。由于大学物理知识结构庞大，课时相对不足，整个授课过程安排紧张，因而教学过程主要以讲授书本知识为主，课堂互动和知识扩展环节较少。

（二）大学物理课程与院校课程教学体系不协调

在与基础课程衔接方面，大学物理课程学习要以高等数学知识为基础，而这两门课程同期学习，导致学生对物理知识的掌握存在很大困难。与专业课程衔接方面，大学物理课程学习周期长，与专业课程开设学期相距一年左右，导致学生学习专业理论时不会利用物理知识。此外，在就业与考研方面，该课程缺乏专业实用性，在研究生入学考试中为非考试科目，因此学生缺乏学习动力。

（三）大学物理课程任课教师任务重

大学物理课程主讲教师少，他们还要指导学生的物理实验，教学任务重，在课堂教学过程中，缺少时间创新课堂教学方式，缺乏精力展开课后指导。同时，教师科研活动不足，在学科创新上显得力不从心，造成课堂

教学知识陈旧,缺少学术科研成果,影响学生的课程学习兴趣。

(四)学生基础薄弱

应用型本科院校的学生数学、物理等基础相对薄弱,入学后会参照学业指南和学习环境,倾向于选择有实用性和实践性强的课程,而对理论性强的基础课程不够重视。

二、大学物理课程开放式教学的措施与实践

(一)根据专业培养方案优化教学大纲

教学大纲是教学活动有序进行的指南,需要授课教师根据专业特点、学生情况和教学进度综合考虑后制定。在教学大纲新修订过程中,物理教研室立足于各专业的培养方案,将大学物理课程调整设置在一年级下学期和二年级上学期,结合实际授课情况编制完成大纲初稿。然后将初稿发至各专业负责人,由其组织专业内部教师对物理教学内容进行核查梳理,并将专业内部教师自身的培养目标和对物理课程的具体要求反馈给大纲制定人员。同时,主讲教师在授课期间随时了解学生的学习需求与困境。在专业师生共同参与的基础上,面向各专业优化教学大纲内容与授课计划,最终制定出具有专业背景的大学物理课程教学大纲。

(二)根据学习进度调整课堂授课计划

大学物理学习需要用到微积分、线性代数等知识,在教学过程中要根据情况调整计划,如补充数学知识、调整章节教学顺序、增加习题与互动等。在教学实践中,以讲授牛顿运动定律为例,任课教师可以安排半个课时让学生使用微积分推导“匀速圆周运动的加速度”公式,然后利用半个课时分小组讨论生活中遇到的圆周运动实际案例,分析圆周运动在科技探索,如宇宙飞船运行中的应用。根据学生的基础课程学习进度,适当安排学生使用数学知识推导物理定律,而对一些熟悉的理论定律,如热力学守恒定律等留给学生自学。教师在教学过程中合理地因材施教,让学生参与到教学过程,可以提高他们学习的积极性和主动性[1]。

---

[1]杨圆:《应用型本科院校的大学物理课程开放式教学改革探索》,教育教学论坛,2018(30):104-105。

（三）紧扣专业需求满足学生的学习兴趣

不同专业的教学大纲根据专业的不同特点而有所区别，如材料专业强调物质结构理论，通信专业强调光电理论，机械专业侧重于力学理论。因此，在课堂教学过程中要突出物理知识与各专业之间的联系，使学生明白大学物理是为专业课程学习打基础，从而改善他们学习物理课程时的态度和学习效果。例如，随着电动汽车行业的快速发展，能源与动力工程专业的学生对电能与机械能的转换很感兴趣，有同学提出由蓄电池提供给汽车驱动力，然后将车轮运动过程的动能和热量回收转换成蓄电池的电能，从而将电动车变为“永动机”。学生只是了解到电能、机械能与热能之间可以互相转换，但是没有掌握大学物理知识中的能量耗散和转换效率，因而提出的“永动机”是不现实的。在教学过程中，教师可以针对该专业学生的学习需求，重点讲授电磁理论，并借助在线网络课程展示电磁理论在能源工程中的应用案例。

（四）借助教师科研与学科竞赛强化物理知识的应用

在一些应用型本科院校里，大学物理课程主讲教师均具有博士学位，主持过省级甚至国家级的自然科学研究等项目，在物理学科中做出了一系列科研成果。因此，在课程教学过程中，可以穿插教师科研活动与成果，为学生提供一个了解科学研究的窗口，全面展示大学物理知识在科研实践中的重要应用。此外，还可以收集各工科专业教师的科研成果，将物理理论与工程应用之间关联起来，使学生明白大学物理知识在职业生涯中有用武之地，为学习大学物理课程树立信心。

第三节　大学物理课程模块化教学改革实践

社会经济发展到如今阶段，生命科学、电气工程、建筑、化学、计算机等领域的问题变得越来越复杂，问题之间的内部联系更为盘根错节，每类问题出发于同一现象的不同视角而得出迥异的结论，技术与理论的研发已经不能局限于一个学科内或学科内的某个分支领域。

大学物理实验基于它的对象和方法的普适性、理论的成熟性，对各个学科具有强大的调和与指导作用，是应用型本科院校建设与发展过程中促进大学生知识、能力和创新意识协调发展的催化剂。它通过精心设计、准备实验过程，排除了次要干扰因素，使学生预测、验证或获取新的信息，通过技术性操作来观测由预先安排的方法所产生的现象，根据产生的现象来判断假设和预见的真伪。它最大程度地模拟了真实的科学发展过程，通过多个基础性的实验，让学生对物理的力、热、光、电、原子等概念有深刻的认识，对研究与发现过程有清楚的脉络，极大地开阔了学生的视野，在学生的知识结构中加强了学科之间的交叉融合。大学物理实验必然在学校应用型本科转型中起到巨大的推动作用。

一、教师思想、观念的更新

教师是各门学科的教学内容、教学方法的设定者，也是教学进程的主导者。教师的教育教学思想对学生产生的影响不言而喻。“大学”非“大楼”也，而“大师”也。同理，我们要建设一所应用型名校，最重要的应是打造一支过硬的应用型教学团队。在这个过程中，作为教师队伍的一员，其中最重要的是大力加强自身的学习和思想的改造。从育人目标出发，重新审视自身能力和知识储备，从而更好地为自己充电。

（一）加强自身学习

学习科技前沿知识，关注社会经济和科技发展现状。目前，世界科技日新月异，发展速度十分迅猛，这就需要物理教师对物理学的发展方向和如何将科学发展成果转化成生产力方面，不仅比较了解，而且应具备一定的预见性和前瞻能力，这样才能在教学中更好地激发学生的兴趣，指导学生进行课外的学习拓展。

（二）开阔视野，加强交流

以往，理科公共基础课教师引以为荣的是为学生展示华丽的公式、长篇的熟练推导、数学技巧的变化莫测。但是，这往往更适用于研究型大学，而很多教学型院校的基本教学套路也没有根本性地脱离此类思想。与之相比，提升学生的科技素养显得更为重要。在使学生获得足够的物理学基础知识的同时,教师应在教学中有意识地锻炼其理论联系实际的能力、动手能力和工程实践能力。理论和实践相结合的潜力是巨大的,威力是惊人的。

(三)与数学教研室密切联系

高等学校可以设列“大学物理”课程所需要的高等数学知识点,并了解其授课时间,为物理课程开设学期和开课周的选择提供依据。大学物理两个重要的知识基础便是高中的物理学知识和大学的高等数学知识。高等数学的诸多知识点与“大学物理”课程相关的内容相对固定。高等学校可与本校的数学教研室紧密沟通,尽可能在“大学物理”课程开始前,让学生们掌握好相关的数学基础知识,以方便授课、节约学时,形成合力,使教学顺利进行[1]。

(四)与各学院、各专业进行深入沟通

要尽量形成既相对统一的授课时间,又有区别的授课内容,方便教务系统对课程进行管理,方便各专业在知识上进行合理衔接,使整个育人体系构成有机整体。在以往的教学中,物理课程和教学知识面相对统一,各专业区分度不大,知识内容相对陈旧。教师应和各专业加强沟通,形成动态的、常态的沟通机制,适时针对各专业调整教学内容,让“大学物理”课程成为“理”与“工”的纽带。在教学中,使学生们理解物质世界本质规律,了解科技发展前沿动态,熟练掌握基础知识的应用技能。

在以往教学中,那些容易在传统教学模式下被忽略的物理学教学内容,很可能在将来的应用型人才培养过程中发挥作用。例如,量子计算机的出现可能使未来的计算机构造原理完全被更新换代。那么,计算机专业的学生是不是应该对粒子物理学和量子力学部分的知识进行学习呢？又如,随着通信、电子设备的迅猛发展,波动光学方面的物理学知识在相关行业中的应用也日渐增多。这就要求教师重新思考、调研,重新针对各专业需求设置教学内容,做到目的性非常强的“取”与“舍”。

---

[1] 刘毅,王振力:《应用型本科院校大学物理课程模块化教学改革研究》,职业技术,2017,16(10):87-88,91。

二、分层次模块化:大学物理实验模式的构建

(一)大学物理实验模式的基本要求

1.基础性实验的教学地位必须保证

基础性实验是指在教学中可以使学生具备基本的实验知识和基本的实验技能类实验,如长度的测量、密度的测量实验等。通过这些实验可以使学生掌握基本的误差计算方法、实验数据的处理方法、实验报告基本写作方法,并能使学生正确使用基本实验仪器进行测量、分析。它是为各理工科专业学生学习专业实践课程做基础性准备的,如果学生不能顺利地完成基础性物理实验,就不可能顺利地完成设计性和综合性实验。因此,基础性实验的教学地位必须保证。也就是说,它必须包含到每一个模块的第一层次。

2.综合性、设计性实验要与理论课相衔接

综合性、设计性实验要与理论课做好衔接,内容上要从易到难。教师必须根据应用型本科院校学生生源质量总体偏低的特点,理论与实践课程的间隔时间段不能太长,课程安排也应由浅入深,逐步提高大学物理实验的教学质量。

3.应用性实验必须结合现有实验条件,根据地方、区域经济发展特点来建设

应用性实验是指以熟悉和掌握实验仪器的具体使用及其在实验中的应用为目的的一类实验;或者用实验方法取得第一手资料,然后用物理概念、规律分析实验,并以解决实际问题为主要目的的一类实验。教师应结合高等学校所在地方或区域的经济发展特点和现有的实验条件,帮助学生开展应用性实验,让学生学会如何应用所学知识解决实际问题,为将来的就业打好基础。

(二)内容构建

1.基础物理实验阶段

基础物理实验应包含实验理论知识,如物理基本常识、误差分析、概率分布规律、误差分布规律(如最小二乘法、实验不确定度计算、有效数字位数)等。另外,基础物理实验应包含长度测量、密度测量、读数显微镜、万用表的使用、测金属丝直径等实验,让学生学习物理的基

本测量方法与技能，结合直接测量与间接测量、不确定度的传递等理论知识完成实验报告。

这一阶段的教学是以教学为主，教师发挥主导作用。学生必须循序渐进地完成实验的全部内容并写出较为完备的实验报告。这样，既加深了学生对误差分布的统计规律和测量结果不确定度概念的深入理解，又学习了实验测量基础仪器的使用技能，并对物理实验基本程序、实验报告撰写方法等有了基本的了解。

2.综合性、设计性物理实验阶段

本阶段在完成基础实验的基础上，提高了仪器设备的复杂程度，提供了许多内容广泛、实验类型齐全、综合性较强、相对于基本实验来说难度较大又贴合专业特点的实验课题。例如，对于通信工程专业应包含以下实验：示波器的使用实验、惠斯通电桥测电阻实验、电流场模拟静电场实验、电位差计实验、牛顿环测量透镜的曲率半径实验、迈克尔逊干涉仪测量激光的波长实验、分光计实验等。这一阶段以学生实践为主。在实验进行的过程中，教师只负责结合理论介绍实验原理，适时地进行指导。具体的实验步骤的设计、数据采集及整理，直至最后的实验完成报告，均由学生独立设计并完成。让学生在进行设计性实验时，感到自己是仪器的主人。这样，学生就会为了设计好一个方案，查阅多种资料，反复修改完善。其目的就是通过综合性、设计性实验的实践，培养锻炼学生把已经学过的知识进行综合，全面灵活地加以运用，以此来培养学生的创新精神和发现问题、分析问题、解决问题的能力。

（三）应用性实验阶段

应用性实验是在综合性、设计性实验的基础上的结合专业特点，对学生的科学研究水平、项目的开发应用水平进行提高的实验内容，它更接近现代科学技术发展方向。例如，对于通信工程专业，应包含光信息与光通信综合实验、光电调制实验、声光调制实验、塞曼效应实验、表面磁光克尔效应实验、音频信号在光纤中传输实验等。这些实验都是学生应用通信知识，开发相关技术的基础实验，可以为学生将来作为技术工作者或从事科研工作打下坚实的基础。在这一阶段，教师主要提供实验条件,可以组织一些创新活动,与学生共同开发一些小发明,来提高学生的兴趣与主观能动性。也可以联系本区域相关领域的公司,让学生进行实地观摩,激发学生的创新积极性。

分层次模块化大学物理实验模式,可以最大限度地利用现有的仪器资源对学生进行专业的培养。其不仅能激发学生学习物理实验的兴趣和主动学习的热情,还能提高他们自主学习、独立思考和独立操作的能力,同时能合理配置实验教学资源,提高实验教学的质量。对于应用型本科院校有几点必须注意:①大部分高等学校物理实验基本实验阶段的学时数尚显不足,而随着分层次模块化实验教学的实施,必然会使教师的工作量大大增加,这在一定程度上影响到教学安排和教师积极性的发挥;②虽然部分高等学校有一定数量的物理实验仪器,但对全校学生的统筹安排却有明显不足,这在一定程度上影响了学生的对物理实验的积极性;③实施分层次模块化大学物理实验,必须建立新的完备的大学物理和物理实验的教学规范和规章制度,以及完善的教学评价体系。

第四节　大学物理教学与实验结合的改革实践

大学物理实验是科学实验的先驱,体现了绝大多数科学实验的共性,在实验思想和实验方法等方面是其他学科实验的基础。所以,大学物理实验是高等学校理工科的各专业学生必修的一门基础课程,是学生接受实验技能和实验方法的开端,是提高大学生实验素质、培养实验能力的重要基础。在培养大学生科学思维和创新能力等方面,大学物理实验具有其他课程所不能替代的作用。

应用型本科院校以应用型为办学定位,以区域经济、社会需求和就业为导向,着力培养实用型技术人才,教学目标紧扣“应用”二字而精心设计实验实践环节。因此,大学物理实验对培养实用型技术人才具有更加重要的意义。

然而,从教学实践中发现,多数应用型本科院校,尤其是民办高校,大学物理实验教学还存在一些弊端,如课程学时减少,教学资源匮乏;忽略学生现状,实验设置不能体现学生个性化的需求;教学方法死板,教学模式单一;等等。鉴于此,高等学校有必要对大学物理实验课程教学进行进一步的改革和创新。

一、应用型本科院校大学物理理论与实验教学整合

(一)调整教学计划、课程安排

关于大学物理和物理实验谁先上的问题,著名教育学家王义道教授在第二次全国实验教学改革研讨会上说:“课堂上没学过,怎么就不能做实验呀。”物理理论其实也是通过实验总结的物理规律,有些学生认为:“自己从实验中总结出来的知识掌握得更好。”以前的教学实践证明,对某一个知识点,可以先在大学物理中教授,再去做物理实验验证。也可以反过来,先让学生做物理实验,总结规律,再在大学物理中进一步总结、提炼。但很多学校的实验内容与理论课的教学内容间隔时间过长。很多高等学校在安排物理实验的时候,采用轮转表或学生自主选课的模式,容易造成理论课与实验对应课程的时间间距过大。

在教学实践中,对于同一个知识点(如大学物理中介绍牛顿环、实验课中做牛顿环实验),如果理论课与实验课程的时间间隔在两个星期内,学生的学习效果就会很好。如果超过一个月,即学生先做实验,再到理论课上学习相关内容,那么教师提问相关问题时,学生往往没啥印象。反过来也如此。所以,在大学物理实验安排上,尽量不要时间间隔太久。教师可以采取大学物理分层次教学,同时尽量把物理实验课程与大学物理安排在同一学期。例如,大学物理分为A(电类)、B(非电类)和C(低要求)三种。在讲完基础力学后,A类课程的重点是电磁学,B类课程的重点是刚体、力学、热学,教师可以错开讲学的重点和顺序。在物理实验和理论课程讲授中,由于理论课程的教学安排相对固定,根据教学日历,尽量将理论课程相对应的实验安排到该知识点讲授的前后两周。虽然这会增加一些排课难度,但学生的学习效果会较高。

(二)整合教学内容

目前,由于编制、岗位等问题,理论课教师和实验教师的角色不能

互换,大多数高等学校理论和实验教学相互独立,互不往来,偶有交流。很多高校的实验课教师很难把理论课教学内容融会贯通地应用到实验课教学中,因此较难产生好的教学效果。同样,很多理论课教师不清楚实验安排,内容无法做到贯通。应该创造条件让大学物理教师参与实验室的工作,实验技术人员也可以参加大学物理的辅导。

最好的解决方案是,由大学物理教师和实验技术人员共同组成教学班子,共同负责一个专业的物理教学,这对大学物理与工科各专业的结合也是有好处的。目前,国内经常使用的大学物理实验书一般分为"测量误差、不确定度和数据处理""物理实验的基本训练""基础性实验""综合性实验""设计性实验""研究性实验"六个部分,由浅入深,自成体系。有些实验,如密度的测量(训练学生使用比重瓶、物理天平),与理论课联系不大。但如牛顿环、转动惯量、迈克尔逊干涉仪等实验原理、实验内容,很多都与物理理论课程内容高度重合。可以在理论与实验教材中将这些部分特意标注,同时根据理论课的教学内容来安排实验。在理论课上,注意与实验相结合;在实验课上,注意与理论相结合。相同的实验原理和实验内容不用在实验课和理论课中重复教学,而是相互融合。

在教学中,每种整合措施都是以学生为中心,激发学生的学习热情和兴趣。在课堂上,以平时成绩加分的激励机制,能鼓励学生积极思考如何将大学物理与物理实验内容相结合。通过大学物理理论课和实验课的优化与整合,学生亲自走上科学探索的征程,既有利于物理学教学,也有利于培养学生的应用技术能力。

二、应用型本科院校大学物理实验模式创新

(一)分层次、模块化教学

高考改革后,很多省份的高考是自主命题,高考的模式也不尽相同。于是,即使同样是理工科的学生,他们在高中选修测试的科目也可以不同,甚至同一个专业的学生,其选修测试科目也不尽相同。对大学物理实验课程而言,把物理作为选修测试科目的学生一般均能将物理理论与实验知识结合起来,具有一定的实验基础技能与分析和处理数据的能力,其他学生的物理理论和实验基础则相对薄弱。随着应

用型本科院校办学规模的不断扩大,这种差异越发明显。

因此,大学物理实验课程的教学,必须要考虑学生实验基础的差异,进行分层次、模块化教学。也就是说,要打破传统的按力学、热学、电磁学、光学和近代物理等顺序编排的方式,按照由浅入深、循序渐进的原则,考虑到不同学生的物理基础和各专业物理实验的需求,把实验内容分成预备性实验、基础性实验、综合性实验、设计或研究性实验四个教学模块。其中,基础性实验和综合性实验模块为必修,而预备性实验、设计或研究性实验模块为选修[1]。

预备性实验模块又称前导性实验模块,主要面向实验基础较差的学生,给他们提供一个前期的实验训练平台,让他们尽快地适应大学物理实验课程内容,如单摆实验、测量物体的密度、测定重力加速度、测量薄透镜的焦距、测定冰的融化热、测定非线性元件的伏安特性等。

基础性实验模块设置的主要目的是让学生学会测量一些基本的物理量,操作一些基本的实验仪器,掌握基本的测量方法、实验技能及分析和处理数据的能力等,范围可包括力、热、电、光、近代物理等领域的内容,如金属线膨胀系数的测量、转动法测定刚体的转动惯量、液体比热容的测量、示波器的使用、直流电桥测量电阻、霍尔效应及其应用、迈克尔逊干涉仪、分光计测量棱镜的折射率和光栅衍射等。

综合性实验模块可在一个实验中包含力学、热学、电磁学、光学、近代物理等多个领域的知识,综合应用各种实验方法和技术。这类实验设置的主要目的是让学生巩固在前一阶段学习的基础性实验模块的成果,进一步拓宽学生的眼界和思路,从而提高学生综合运用物理实验方法和技术的能力,如共振法测量弹性模量、密立根油滴实验、音频信号光纤传输技术实验、声速的测定、弗兰克—赫兹实验等。

设计或研究性实验模块主要面向学有余力、对物理实验饶有兴趣的学生。第一种方案是根据教师设计的实验题目和给定的实验要求及条件,让学生自行设计方案,独立操作完成实验的全过程,记录相关数据,并做出独立的判断和思考。第二种方案是沿着基础物理实验的应用性教学目标的方向,组成小组,让学生以团队的形式自行选题、操

---

[1] 杨瑞,杜立国:《地方本科院校大学物理教学改革模式探究》,大庆师范学院学报,2018,38(3):129-132。

作和撰写研究报告,完成整个实验流程,教师只需担负指导工作。通过以上两种方案,充分激发了学生的创新意识、团队合作精神及分析和解决问题的能力,使之具备基本的科学实验素养,如自组显微镜、望远镜,万用表的组装与调试,电子温度计的组装与调试,非线性电阻的研究,非平衡电桥研究,音叉声场研究等。

(二)开放式实验教学

大学物理实验主要是基础教学,主要的目标便是培养学生的科学思维和创造精神。开放式实验教学则给予了学生充分自由发挥的空间,学生活跃的灵感和充沛的创造力都可以借由这个实验平台得到展示,让物理实验真正成为培养未来科学家的摇篮。同时,开放式实验教学可以相应地提高实验室仪器设备的使用率,充分发挥其投资效益与使用价值,使应用型本科院校真正做到"成本最小化与效益最大化"。

因此,各高等学校应积极创造条件,尽可能地进行开放式物理实验教学的尝试,更新教学观念,在教学内容、方法和考核等多个环节做出改革,结合分层次、模块化教学,预备性实验模块、设计或研究性实验模块应向学生完全开放。物理实验基础薄弱的学生可以选修预备性实验进行补差训练,而学业优秀、可独立完成课题的学生可以在教师的指导下进行专题实验研究,在时间、内容上灵活掌握,为培养优秀学生创造条件。然而,开放式实验教学也有一定的不足,如加大了教师的工作量、课题的选择良莠不齐、考核的标准难以掌控等。所以,必须培养与建设一支爱岗敬业,同时敢于革新、乐于革新的物理实验教师队伍。

(三)建立网络虚拟实验室

虚拟实验是利用计算机和仿真软件来模拟实验的环境与过程,随着信息技术的发展,虚拟实验教学已经成为加强实践教学、实现培养应用型人才的又一重要手段。与需要昂贵的实验设备的真实实验相比,虚拟实验只需很少的投入,便可有效缓解很多应用型本科院校在经费、场地、仪器等方面普遍面临的重重困难和压力。在大学物理实验教学中适当地引入虚拟实验,无疑非常具有吸引力。开展网上虚拟实验教学,学生在课余时间可进行实验前的预习和实验后的复习,有助于提高大学物理实验教学的效率，能够突破传统实验对时间、空间的限制。对于一些实验仪器结构复杂、设计精密且价格昂贵的实验，学生无法进行实际操作，要弥补这些不足，可以通过仿真软件来模拟操作。在虚拟的环境中，学生一样可以接触现代化设备和科学实验方法。然而，虚拟实验替代不了真实的实验操作，只是作为传统实验的有效补充。因此，应该把传统实验和虚拟实验两种教学模式有机地结合起来，扬长避短，才是更好的选择。

（四）以学生为教学主体，综合运用多种教学方法

传统实验教学的流程往往是教师调整好实验仪器，课堂上先详细地讲解实验原理、操作步骤和注意事项，然后做一个实验演示。接下来，学生机械地按照实验既定步骤和要求重复操作，最后提交一个大同小异的实验报告应付了事，甚至有的不做实验的学生也能编造一个大致的实验结果。这种传统“灌输式”教学方法容易导致大学物理实验流于形式，不仅谈不上对学生科学思维的培养，而且在一定程度上还限制和扼杀了学生的创造力和想象力，难以激发他们对物理实验课的兴趣，更是偏离了应用型本科院校对人才培养的目标和要求。因此，教师必须确立学生的主体地位，灵活运用启发式、引导式、交互式等多种课堂教学方法，充分调动学生的积极性和创造性。

1.启发引导式教学

在大学物理实验教学中，教师应该大胆摒弃传统教学思维，把课堂还给学生，专注于对学生能力的培养，善于启发学生进行独立思考。教师应在实验中恰当地设问，并给予基本理论的指导，由学生来自行探索、分析和解决问题。然而，启发式教学也有很多的难点。在所有实验环节的设定中，教师必须能够掌控实验的进程，具备深厚的理论素养和丰富的实践经验，方可进行指导。这不仅不意味着教学工作的轻松，反而对教师的职业素养提出了更高的要求。传统课堂的机械灌输工作量少了，但是实验的前期准备和过程指导多了，环节设置必须更加巧妙和科学。教师自身需要进行多次尝试，确保实验的大方向不出错、实验方法相对成熟，才能更加有效地启发学生独立完成实验，并进行更多尝试和探索。否则，这种名为启发，实则是放任自流的教学，不仅学生的创新精神得不到培养，教师也没有起到真正的指导作用。很显然，这将比传统的教学方法更加失败。

此外，结合大学物理实验的特点，教师要引导学生运用多学科的知识从多角度来审视、分析和解决问题。例如，测量半导体P-N结的物理特性实验，教师要引导学生综合运用材料学、固体物理学、电子学等多方面的知识来完成实验，引入激光全息照相、核磁共振等实验，使学生了解现代科技发展的前沿动态。同时，全新知识点的引入将极大地激发学生的学习兴趣，让其领略到物理实验与现代科学的魅力。

2.交互式教学

交互式教学就是让学生在充分预习的基础上相互讨论或提问，积极参与教学实践，教师则适时给予补充或提问而进行的一种双向交流的教学方式。实验前，教师可随机抽几名学生进行模拟授课，教师坐在台下听课，然后进行小组讨论，再交换位置，由教师做点评和补充。这种身份互换、不同视角的教学，为学生实现主体价值提供了尽情展示的舞台。其不足之处是，交互式教学占用课时太多，操作中会出现不深入、不成熟、不系统等弊端。但只要经过充分的准备和有序的组织，通过交互式教学对传统课堂教学做一个补充还是非常有益和必要的。没有改革就没有进步，但凡改革，就有成功的机会。

第四章 基于信息技术的大学物理探究式教学改革与实践

第一节 基于信息技术的物理探究式教学理论基础

一、探究式教学法的概述

(一)探究式教学法的含义

从汉语语义来看,探究可以分解为探索与研究,而探索可以解释为“多方寻求答案,解决疑问”,研究可以解释为“探究事物的性质、发展规律等”,或者探究可以解释为考虑或商讨。因此,从这一角度来说,探究式教学法是指学生在学习概念和原理时,教师只为他们提供一些事例和问题,让学生自己通过阅读、观察、实验、思考、讨论、听讲等途径去独立探究,自行发现并掌握相应的原理和结论的一种方法。其基本的指导思想是在教师的指导下,以学生为主体,让学生自觉地、主动地探索,掌握认识和解决问题的方法和步骤,研究客观事物的属性,发现事物发展的起因和事物内部的联系,并从中找出规律,形成自己的概念。由此可见,在探究式教学的过程中,学生的主体地位、自主能力都得到了加强。

基于信息技术的探究式教学法通常是基于网络的探究学习,即WebQuest。这种教学方法是美国圣地亚哥州立大学的伯尼·道奇(Bermie Dodge)等人于1995年开发的一种课程计划。“Web”是“网络”的意思,“Quest”是“寻求”“调查”的意思,WebQuest是一种“专题调查”活动,在这类活动中,部分或所有与学生互相作用的信息均来自互联网上的资源。根据这一意思,我们可以把它译为“网络专题调查”。这又很容易使人联想到我们常见的探究式学习、基于网络资源的主题学习,以及之前引入国内的“Intel未来教育”教师培训项目等。很多中国学者将“WebQuest”译为基于网络的探究式学习或者基于网络的探究式教学[1]。

综上所述,基于信息技术的探究式教学是指借助信息技术,让学生围绕特定的问题、任务、主题或专题等,在教师的帮助与指导下,通过形式多样的信息技术手段进行探究性活动,自主寻求解决问题的方法,探索事物发展的起因与事物的内部联系,从而实现知识的建构和技能的培养的教与学的方式。

依据探究学习活动的时间长短,可以将其分为短期 WebQuest 与长期 WebQuest。短期 WebQuest 的学习活动时间为 1 ~ 3 课时,其目标在于知识的获取与整合;长期 WebQuest 的学习活动时间为 3 ~ 6 课时,其目标在于深入分析、拓展和提炼知识。

(二)探究式教学法的特征

探究既是学生自主发现的过程,也是学生根据特定的内容而进行探索的过程。因此,与其他的教学方法比较,探究式教学法具有以下几个明显的特征。

1.学习内容的灵活性与开放性

探究式教学的学习内容很多时候并不是固定的,而是学生根据教师创设的情境,进行思考、分析而提出的,这就决定了学生所要探究的内容是灵活的、随机的、可变的。因此,其学习内容主要取决于学生发现问题时所处的情境。情境不同,提出的问题不同,得出的结论不同,学生获得的知识也就不同。

2.探究时间的灵活性

探究式教学的过程可以在课堂上进行,也可以在生活中进行。通常课堂的学习时间是有限的,不能满足学生的探究活动。因而探究式的教学常常是教师和学生在课堂上共同确定所要探究的问题,再由学生在课后利用课余时间进行自主学习。

3.教师作用的指导性

探究式教学仍然离不开教师的引导。整个过程不带有强制性,而是以学生的意愿为前提,学习内容、学习时间都由学生自己控制。由于学习过程由学生自己控制,学生的探究过程也处于一种尝试的状

[1] 刘小国:《信息技术环境下的中学物理探究式教学模式的研究》,南京,南京师范大学,2011。

态，为了避免学生走太多的弯路或探究的内容偏离原来的轨道，教师的引导作用就显得尤为重要了。

4.学生学习的自主性与创造性

在探究式学习过程中，学生的主动性、积极性能得到充分的发挥。学生独立、自主地针对某一问题进行探究，体现了学生在学习过程中的主人翁地位，使学生真正成为学习的主人。由于学生的自主性可以随意发挥，这就有利于学生思维的创新，学生可以任意假设，大胆尝试，从而使自己的创造能力得到极大的发挥。

5.学生学习经验的相关性

依据认知心理学的观点，学生学习的有效性与已有的学习基础经验密切相关。探究式教学更是需要从学生的已有知识和生活实际出发，才会调动学生的学习积极性，学生的学习才可能是主动的、积极的。

6.学习过程的小组协作性

探究式教学往往需要学生严密地制订学习计划与分组实验和调查，进而进行必要的讨论与协商。合作学习能力开阔学生的视野，使学生看到问题的不同侧面，对自己和他人的观点进行反思或批判，从而建构起新的、更深层次的理解，同时增强了学生的团队精神和合作意识。

7.探究结论的开放性

探究式教学的过程是学生在不同的知识层次和兴趣的支撑下进行学习，探究的目标会不尽相同，探究的途径也可能多样化，因而探究的结果也将会丰富多彩。在这一过程中，虽然有部分学生的活动会偏移课堂教学的目标，但学生的个性却能得到应有的发展，探究的方式得以充实，达到了相同的效果。

8.评价方式的多样性

探究式教学通常采用形成性评价、学生的自我评价和教师的总结性评价等几种方式的结合形式。要综合学生对知识的理解、解决问题方法的灵活性及自主性、学生对问题的认识程度和资源检索与调查分析的能力等。

(三)基于信息技术的探究式教学法的优势

1.有利于更好地培养学生的信息素养

在基于信息技术的探究式教学中,学生可以通过自主探究过程,将信息技术融合到知识的探索过程中,通过实践、体验和探究,深化技术的学习和掌握。这一过程可以让学生有充分的自主发展机会,根据自己学习的需要,选择有效而恰当的技术、工具、软件或平台,获取必要的信息、支持或帮助,自主学习、自主探究、自我评价和合作交流,形成探究性的学习方式。

2.有利于扩展学习空间

基于信息技术的探究式教学模式通常可以利用互联网上丰富的教学资源,能够使学生在较短时间内接受大量的信息,这不仅有效地拓展了教材内容,拓宽了学生的知识面,而且使教学内容具有时代性,使其与学科发展保持同步,从而能轻松地实现跨学科的知识交融;学生更可以通过过程中的交互活动,拓宽视野与思维,培养发散型思维;这种教学模式也可以拓宽教师的教学思路,可以使教师根据学习问题自身的特点来寻求解决方法。

3.有利于培养学生协作学习的能力

探究式教学提倡学生在学习中积极协作,培养学生的探索精神,以及参与、合作、竞争、交往等学习观念。有利于学生形成良好的学习习惯,进一步提高学习能力;能使所有学生在学习中得到锻炼与发展,在积极的交流与合作中,培养相互合作的精神。

4.有利于培养学生解决问题的能力

完成探究的学习任务不仅是让学生回答问题,而且是要求学生通过思考与努力来制定问题或做出决策,通过分析、综合、判断和创造来实现对学生综合能力的培养。

二、基于信息技术的探究式教学法的过程

信息技术对探究式学习的支持作用贯穿于探究式学习的整个过程中,以多种手段进行探究,能有效地提高学生的学习效率和效果。

(一)创设情境阶段

教师在该阶段中起着非常重要的作用,这也是决定能否培养学生

探究兴趣的重要环节和阶段。教师根据教学大纲、教学内容和教学目标的要求,选择合适的信息技术来创设能够引起学生探究欲望的学习情境。

在该阶段,教师主要运用多媒体技术和虚拟技术来实现情境的创设,教师是信息技术的主要使用者。多媒体技术能够展示出多种多样的信息,而虚拟现实技术能够模拟出仿真的效果,这些都可以用来引导学生进入学习情境。学生在这样的情境中进行对新知识的感知,必然能够引起学生心灵的震撼和情感的共鸣。在该阶段,学生只需被动地观看教师所创设的情境,并没有主动使用信息技术进行学习,但学生却能主动地感知情境中的内容,通过这些生动的影像和逼真的情境,引起学生对所看内容的兴趣,激发学生探索的欲望,调动学生的积极性,发挥学生的能动性,使学生主动地发现问题、提出问题,并进行下一步的探究。

(二)任务分析阶段

任务分析阶段是指教师在收集资料和设计探究学习方案的基础上,为学生搭建完成任务且符合学生逻辑思维的“脚手架”。首先,教师通过创设情境,让学生对将要学习的内容进行感知。其次,在学生已经投入情境中,被情境中的事物所吸引时,引导学生进行思考,提出“为什么”,从而进入探究的形成阶段,也就是提出探究任务的阶段。最后,在情境展示之后,通过信息技术呈现出所要探究的问题。这样提出的问题明确、条理清晰,直接呈现给学生,方便学生按照问题提出的顺序有计划、有步骤地实施探究。

教师要积极地引导学生主动进行思考,对所要研究的问题进行探究,利用学生已有的知识和原有经验,建立与新知识的联系,学生的积极性已经被唤起,此时再由教师提出希望学生进行探究的问题或引导学生主动提出疑问,学生就可以带着这样的问题开始探究了。

(三)开始探究阶段

开始探究阶段主要是指学生针对问题进行分析与处理的过程。学生需要在理解主题背景或学习意义、明确完成任务的条件及必要性的基础上,通过网络、图书馆、视听媒体等查阅大量的文献、影音资料;

从所获得的资料中找出具有研究价值的资料，并对其进行分析，找到能够支撑并解决该问题的理论依据；在具有一定的理论知识的基础上，制定解决问题的方案。

教师在学生查找资料的过程中，应及时检查学生所获得的资料，如果发现所查找的资料偏离研究方向，则应及时加以指导。教师要定期关注学生收集资料的进度，防止学生因进度太慢而无法完成研究。教师的作用只是引导学生，并不能为学生做出某些决定，如果发现问题，则应对学生进行启发，培养学生独立思考、分析问题、解决问题的能力。如果学生获得的信息凌乱，则教师应指导学生进行整理。学生通过对资料进行分析和判断，提出假设，即可制定出解决问题的方案。

（四）验证探究成果阶段

学生依据收集的资料分析所得出的假设需要进一步验证。根据所设计的方案，通过不同的方式加以验证。在条件允许的情况下，可以通过实践来获得结论；若条件不允许，则更多的是需要借助信息技术手段来完成验证的过程。例如，学生可以通过对摄影媒体的操作，了解媒体的原理和结构，掌握摄影技术和使用技巧。在学生验证时，教师应予以监督和指导，观察学生能否得出正确结论以及出现失误的原因。

在学生验证的过程中，教师应针对出现的失误予以更正，保证学生探究的正确性，能够在验证后得出正确的结论。

教师在收集资料和验证假设阶段并不是真正地参与到学生的探究活动中，而是让学生成为探究活动的主体，保持学生的自主性，使学生的创造性得以发挥，更重要的是培养学生的发散思维、创新思维，让学生的独特见解有可以发挥的空间，给学生展示自我的机会。

（五）交流协商阶段

在交流协商阶段，教师要及时组织学生进行网上或者课上交流、讨论，鼓励学生大胆地发表自己的观点和看法，将假设与结论联系起来，既要有自己独立的观点，又能够接受别人的思想和意见，这样才能取长补短，使自己的研究更深刻，从而共同达到意义建构。

(六)修改与应用成果阶段

经过研讨后,学生针对自己观点中存在的问题加以改进,将理论与实践联系起来,在原有知识和经验的基础上进行意义建构,以形成新的认知结构,较为系统地掌握该知识。学生针对自己的问题进行自评,总结在此次探究中存在的问题,接纳教师及同学给予的意见和建议,并加以改进,为再次进行探究积累经验。教师可以帮助学生将研究问题的基本方法迁移到其他问题的解决过程中,进而转化为自己的能力。

第二节　基于信息技术的大学物理探究式教学的设计

一、设计原则

(一)情境性原则

探究式教学往往是从问题的发现开始的,教师要充分考虑学生的学习特征和心理特点,按照学生的认知结构,围绕教学内容设计出阶梯式的问题系列,创设思维环境,把学生的思维带入“最近发展区”,让学生在惊讶和好奇中发现问题、解决问题。通过激发学生探究问题的兴趣,让学生扮演好解决问题的角色,从而获得积极的情感体验。

(二)差异性原则

在课堂教学中,学生的独特性是客观存在的,不同的学生有不同的成就感、学习能力倾向、学习方式、兴趣爱好及生活经验。在探究的过程中,要鼓励与提倡解决问题策略的多样化,尊重学生在解决问题中所表现出的不同水平。尽可能地让所有学生都能够主动参与,提出各自解决问题的方法,并引导学生在与他人交流中选择合适的策略。同时,应根据学生的具体实际情况,培养学生的探究能力,教师应采用多层次的评价手段来正确地引导和促进不同学生探究能力的发展。

(三)主体性原则

要以发展学生的主体性为中心组织教学,教学策略要以启发学生自主探究、自主学习为主要思想,让学生主动参与活动,亲身体验,理解科学产生和发展的过程,让学生真正成为学习的主人。

(四)开放性原则

采用自学、讨论、辩论等形式组织教学,尽量设计和提出一些开放性问题,让学生充分思考、想象和表达。组织学生广泛开展调查、收集信息,尊重个人差异和独创见解,鼓励学生不断产生新颖的想法,为学生的活动、表现和发展提供自由、广阔的空间。

二、设计流程

(一)确定探究目标

1.确定探究目标的重要性

一方面,探究目标是确定探究内容、选择学习材料、安排教学条件、调控教学环境的基本依据。如果缺乏清晰的目标,整个探究式教学活动也就失去了依据,变得盲目起来,最终也将使探究成为一场泡影。另一方面,探究式教学的主要目的是培养学生的科学素养,而任何科学活动均是在一定目标指引下的活动,没有清晰的、可依据的目标,学生在探究活动中就不能真正明白科学的本质和特性,关于科学的清晰图画就不能建立起来,科学态度的培养也就无从谈起。

探究目标是评价探究式教学效果的基本依据。探究评价的主要一环就是确定参照标准,参照标准就是根据具体的操作目标而制定的,这是因为探究目标具体规定着探究活动的预期结果和质量要求,是探究评价的基本尺度。如果缺少明晰的目标,评价工作就会产生一定的困难。

探究目标也是学生进行自我评价、自我调控和自我激励的重要手段。探究式教学的主要特点之一,就是充分发挥学生的主体性。在整个过程中要充分发展自己的元认知策略,进行自我评价、自我调控和自我激励,而探究目标给学生提供了一个明确的方向,使学生既有了自我评估的标准,也有了自我调控的方向。此外,具体目标不断被达成,总体目标不断被接近,都使学生产生一种成就感和不满足感,这种成就感和不满足感转化为学生内部的兴趣和动力,激励学生不断地向前探索。

如前所述,探究目标的设计在学习活动中发挥着指向、评价和激励等多方面的作用。在探究式教学的教学设计中,科学地、合理地确定总体目标和具体目标,对于探究式教学的顺利实施起到极为重要的作用。

2. 确定探究目标的依据

探究目标绝非随意决定的,它必须立足于对教学内容的系统分析之上,做到能够从整体上把握学科知识体系,厘清内容的基本结构。对探究的教学内容主要从纵、横两个方面来分析。从纵的方面分析,主要是看某一特定内容在整个知识体系中所起的作用、所处的位置。对于一些关键内容一般要进行探究,但探究目标要能服务于整个内容体系,而不仅仅是这一特定的内容本身。从横的方面来讲,要看这一部分内容可以培养学生哪些探究能力,这些探究能力对学生发展的意义。

学生的学习准备情况和学习特点制约着探究目标的制定。任何学习的达成均需要一定的内部和外部条件,而内部条件起到决定性作用。因此,学生的学习准备情况制约着探究目标的确定。学生的学习准备情况要从知识、能力和态度三个方面来考虑。学生的学习特点也制约着探究目标的制定,只有适合学生学习特点的探究目标才能被达成。

3. 确定探究目标的方法

一般来讲,具体目标的确定是通过对教学内容进行分析而获得的,这里主要讲的是探究总目标确定的方法。探究总目标的确定,要依据学科知识体系与学生的学习准备情况和学习特征。从前者出发,我们可以列出特定的内容需要达到的子目标。从后者出发,我们可以列出这些目标哪些能够达到。只有那些能够达成的目标,才能作为我们探究的目标。因此,我们不妨设立两个步骤来确定探究目标。

第一,对学科内容体系中的特定内容进行系统分析,厘清可能的探究目标。

第二,以学生的学习准备情况和学习特性为一张滤网,去掉无法达到的目标,最后剩下可能达到的目标。

(二)选择和设计探究内容

1.探究内容的选择

这里所说的探究内容是指探究的具体对象,即从大学物理学科知识体系中选择出符合目标要求且适合于探究式教学的探究对象。因为并非所有的大学物理内容都适合于探究。这里面有三种情况:一是有些内容,特别是一些抽象的很难通过简单的探究活动所能概括出来的内容,不利于我们进行探究式教学;二是有些内容结论在中学物理中已经涉及,在大学物理中对它只是数学表达和相关问题处理方法不同罢了,所以这些内容就不具有探究价值;三是有些内容由于材料、设备或者由于学生学习准备情况的限制,不能进行探究。并非所有可探究内容都能符合探究式教学的整体计划,有时也许是不符合学科知识体系的要求;有时也可能是不符合学生能力的逻辑发展;有时我们所面对的内容是固定的,只是经过分析觉得这个内容适合进行探究教学的方式,才展开探究式教学。探究内容的选择可以按照以下几个原则。

(1)适度的原则

这里的适度一方面是指工作量上的适度,另一方面是指学生能力范围的适度。在探究式教学中,探究内容既不能过于复杂,需要花费太长的时间进行探究,也不能太过简单,学生很容易就可以得出结果,从而失去探究的兴趣。在每一次探究中,一般要选择只含一个中心问题的内容,进行一次探究循环过程即可解决问题,通常不要求学生对证据做过多的探究。适度的原则主要是指难度上的适宜。探究内容难度确定的理论依据之一,就是维果斯基的最近发展区理论。在一般情况下,探究问题的解决所需的能力应在学生的"最近发展区"之内,对这样难度水平的问题,学生一般通过努力可以解决。换言之,选择的探究内容对于学生来讲,通过对他们已有的知识、能力的提取和综合,是可以进行探究并能得到结果的,但是这些内容对学生来讲绝不能毫无疑问、不费努力即可解决。适宜的难度要求探究的内容具有适度的不确定性,其变量的多少要以学生能够掌握和控制为限度,过多的变量会使学生产生过多的疑惑。

(2)激发兴趣的原则

学生主体性得以发挥的前提条件之一便是具有了内在动机,因此以学生发挥主体作用为特征的探究式教学,必须能充分激发学生的内在动机,探究的内容即肩负着这样的使命。可以说,学生对探究内容的兴趣是探究活动进行下去的动力源泉。什么样的内容才能激发学生的兴趣呢?

第一,能够满足学生现实需要的内容能够激发学生兴趣。这也是当代科学教育把目光转向学生生活、选择切合学生实际生活内容的原因之一。

第二,对于超越常规但又在情理之中的问题内容,学生也会感兴趣,因为这样的问题能够激发学生了解的欲望。

第三,对于具有一定难度的问题,也能够使学生感兴趣。学生有一种天生的好奇倾向,喜欢探索未知世界,喜欢探究问题的答案。随着问题的解决,学生的好奇心得到了满足,同时感受到了成就感,这些都将成为他们进一步探究的动力所在。

(3)可操作性的原则

探究式教学的特征决定着探究内容应具有可操作性,即探究内容是可以通过有步骤的探究活动得到答案的问题。这里有两条主要标准:一是探究的结果与某些变量之间具有因果联系,这种因果联系通过演绎推理是可以成立的。如果这种因果联系不成立,探究活动便没有结果,如果这种因果联系不能通过演绎方式而推得,就会使探究活动不严密,导致学生也难以把握;二是这种因果联系在现有条件下可以通过探究活动而证明。现有条件一方面是指现有的物质条件,如学习材料、探究工具等;另一方面是指学生已有的知识准备、技能准备等。不可否认的是,虽然有些内容并不具有可操作性,但是利用探究的方法更有助于学生深刻理解。这时,对这种内容要进行一定的转化,转化的策略之一便是对这种内容进行推演,然后通过对推论的证明来证实原有内容的正确。

2.探究内容的设计

对探究内容进行设计的主要目的是,使探究内容更具有操作性,使探究内容缩小到一个学生可以把握的范围,使探究内容既能激发学生的兴趣,又能激发学生的探究动机。探究内容设计的主要策略有以下三种。

(1)操作化策略

操作化策略就是把一般的学习内容转化为进行操作的探究内容，主要的方法有两种：一是可测量化处理；二是推理处理。现代科学的主要特征就是追求实证和量化，无论实证还是量化都要求对引起事物产生变化的变量进行测量，以寻求变量的因果联系。然而，我们面对的学习内容在很多时候变量模糊不清，有些变量无法进行测量，这时，就要求教师对学习内容进行处理，确定一定的常量、变量，以及对变量的测量方法，便于进一步设计实验、验证假设。在探究式教学中，我们经常遇到一些复杂的内容，由于这些内容过于复杂，直接导致无法进行探究。不可否认的是，如果我们对学习内容进行合乎逻辑的推理，就会得到一些推论，这些推论则是可以进行探究的，或者说可以进行验证的。

(2)具体化策略

具体化策略主要应用于比较抽象、概括的内容。这些内容一是由于离学生日常生活较远，很难激发学生的兴趣；二是涉及范围太广，无法着手进行探究，这就需要把问题具体化。

(3)趣味化策略

趣味化策略是一个比较广泛的概念，凡是把学习内容变得更有趣、更容易激发学生动机的方法都归属于这个范畴。具体方法有：①生活化。把一些抽象的理论问题应用到生活的具体现象中，通过研究具体的生活现象，揭示蕴含的物理规律；②故事化。把一些抽象的问题用有趣的故事和物理学史料表达出来，以激发学生的兴趣。

(三)安排探究时间

与传统教学过程相比，探究式教学需要充分发挥学生的主体性，因此其探究过程是开放性的。实践证明，这种开放性的教学形式极易导致课堂结构的分散和学习效率的低下。因此，如何做好探究时间的分配，管理工作好坏就成了探究式教学成功与否的一个决定性因素。对探究时间进行精心的预估和设计就应成为探究式教学的教学设计的一项重要内容。

1.探究时间的设计

在实际设计的过程中，我们要考虑的一个问题就是我们应从哪几个方面来设计探究的时间,从而使探究时间分配得更加合理,切合教学实际的需要。一些研究认为,名义学习量、实际学习量、单元课时量、专注学习时间和教学时间的遗失五个变量影响着教学的时间效益。从探究教学来讲,专注学习时间和教学时间的遗失是两个最有影响的变量,下面分别予以讨论。

(1)专注学习时间

专注学习时间是指学生在探究活动中积极地、专心地进行探究的时间。实践证明,在探究活动中,并不是所有学生都能始终如一地认真参与。部分学生的注意力涣散,不专心探究的情况时有发生。因此,即使同时经历同样的探究活动,每个学生的专注时间也是完全不一样的。研究发现,学生的专注学习时间对学生的学习成绩有着很大的影响,也就是说,学生学习成绩的好坏在很大程度上取决于专注学习时间的多少。专注学习时间主要受以下七个因素的影响:①学生的年龄。一般来讲,年龄小的学生专注学习的时间要短一些,而年龄大的学生专注学习的时间要长一点,对于大学生来讲,专注学习的时间相对较长;②学生的个性特征。性格稳定的学生要比激动型的学生坚持的时间要长一些;③学生的情绪状态。处于稳定状态的学生要比有心事的学生有更多的专注学习时间;④学生的学习能力。学习能力低的学生大多会出现不专心的行为,使学习中断;学习能力高的学生一般在注意力涣散前先完成了学习任务;⑤学生对学习对象感兴趣的程度;⑥动机的强度。适度强度的动机水平可以延长学生的专注时间,动机过高或过低都会分散学生的注意力;⑦学生在探究活动中的地位。处于领导地位的学生有更多的参与时间,专注学习时间会比处于从属地位的学生要长一些。

(2)教学时间的遗失

教学时间的遗失是指由于受外界干扰或对教学处理不当所造成的教学时间的浪费。在探究教学中,主要由以下三个因素导致探究时间的遗失:①因偶发事件引起的教学中断。这种偶发的事件,既可能来自外部,也可能来自内部,如个别学生的捣乱,学习材料出现问题,探究活动出现意外等,这些事件都是探究教学活动中经常发生的;②问题情境呈现时间过长。每次探究活动都要对问题情境进行充分、清晰的展示，但展示时间过长，就会造成探究时间的遗失和浪费；③探究环节的转换时机没能抓住造成探究时间的浪费。没能抓住转换时机，有时是由于学生对探究的过程不够清楚，对探究的策略掌握不好，不知何时能够转入下一步探究。

2.设计探究时间的策略

（1）把握探究活动的节奏

把握探究活动的节奏主要是指教师在设计探究教学时，要对具体的探究过程做到心中有数，做到能够比较精确地预估每个步骤所需的时间，把握好整体时间的分配，使整个探究活动的节奏加快，转换自然，避免无谓的时间遗失。把握好探究活动节奏的途径主要有以下五个方面：①要对学生的探究知识准备情况进行充分的了解，有时预先的测试是必不可少的，因为对学生的了解可以帮助教师精确地预估时间的分配；②要对探究活动所涉及的方面了然于胸，学生在每个步骤中可能做出的反应都要估计得到；③要对探究活动所需的学习材料、实验器材进行精心的设计和准备，使探究活动能够按照预定的节奏进行下去；④要设计适当的教学条件，抓住时机对学生进行提醒和引导，使学生能够顺利地从一个探究步骤转入另一个探究步骤中；⑤要设计教学事件，积极引导学生对探究策略过程进行反思，从而逐步掌握提高探究能力，适应探究节奏，提高探究策略。

（2）尽可能地增加学生的专注时间

增加学生的学习专注时间是提高探究时间效益极为重要的一个方面。实践表明，通过教师的努力，增加专注学习时间是完全可能的。增加专注学习时间的途径主要有以下七个方面：①对探究问题情境的呈现进行精心设计，使问题含有与学生原有知识的矛盾，激发探究兴趣和内在动力；②精心设计一个自由民主的探究活动气氛，有利于提高学生对探究活动的参与。一些教学实验表明，如果教师以一个探究者的身份与学生合作，会极大地提高课堂的民主气氛。也有不少实验的结果认为，在探究活动中，特别是在小组合作探究活动中，最好让学生能够轮流主持，使每个人都有机会为探究负责，可以充分激发学生的主体意识，从而更加积极、更加专注地参与到探究活动中；③设计积极的教学事件，对学生的探究活动进行阶段性督察，对学生的探究行为给予及时的鼓励和反馈。这种教学事件对于刚刚步入探究式学习的学生是必要的,随着探究教学的深入,可以逐渐地减少;④对于注意力脱离探究活动的学生予以提醒,使其注意力回到探究活动上来;⑤对探究活动能力低的学生予以适当的解说和帮助。这个过程既可由教师也可由学生来完成;⑥设计不同的探究方式,提高学生对探究活动的新鲜感;⑦开展个人或小组之间的竞赛有时也是增加专注学习时间的好办法。

(3)防止教学时间的遗失

必须确定这样一种观念,即教学时间遗失是不能完全避免的。然而,我们要尽可能地减少遗失。这在很大程度上取决于教学设计的科学性、合理性和有效性,以及教师在探究活动中的临场发挥。从教学设计的角度来看,减少时间遗失的途径主要有以下三个方面:①精心设计问题的呈现方式,对这一过程要严格设计,争取以最精确、最明了、最简练的语言或方式来使学生对问题情境和探究要求有清晰的理解,减少套话、废话;②精确设计,对学生所要面对的变量进行控制,既不能过少达不到探究的目的,也不能过多而使学生不知所措,造成探究活动的推迟。当然,这要根据学生的探究能力而定;③精心设计探究环境,尽量避免外界不利因素的干扰。此外,对探究过程中可能出现的问题有一定的预测和心理准备。对于个别问题学生,教师要设计一定的方法引导他们把注意力转移到探究活动中。

(四)探究活动的一般步骤及教学活动的设计

学生在探究过程中的学习过程即是探究过程,这种学习与真实的科学探究活动有所不同。

就大多数科学探究而言,探究者并不知晓自己的探究结果会是怎样的。事实上,对于探究教学中的探究活动而言,大多数都是有着明确探究结果的。如果没有达到这些探究结果,那么探究教学在一定程度上就是失败的。

大多数科学探究所面临的问题情境远比探究教学的情境复杂,无关变量相对较多,而探究教学中的问题情境一般是经过纯化的,无关变量较少。

大多数科学探究活动都以结论的得出而告终,而探究教学中这一过程并未完结,还要引导学生根据一定的反馈对整个过程进行反思。

事实上,探究教学借用了科学探究活动的方法、方式。科学探究活动一般要经历以下三个步骤:确定问题—提出假设—验证结论。提出了以培养学生的创新意识、创新精神、创新能力和解决实际问题的能力为宗旨,以信息技术为工具,以学生自我评价为主要评价方式的,以学生为主体、以教师为主导、以学生自主探究为主线的,以认知结构理论和建构主义教学理论为主要理论依据的。大学物理课堂中探究式教学活动通常要经历以下六个步骤:创设情境—提出问题—自主探究—合作交流—综合运用—总结提高,操作特征如下[1]。

1. 创设情境

教师通过精心设计教学程序,利用大学物理演示实验或者利用现代信息技术创设与主题相关的、尽可能真实的情境,使学习能在和现实情况基本一致或相类似的情境中发生。学生在实际情境下进行学习,可以激发学生的联想思维,激发学生学习物理的兴趣与好奇心,使学习者能利用自己原有认知结构中的有关经验,去同化和索引当前学习到的新知识,从而在新旧知识之间建立起联系,并赋予新知识以某种意义。

2. 提出问题

教师通过精心设计教学程序,指导学生通过课题质疑法、因果质疑法、联想质疑法、方法质疑法、比较质疑法、批判质疑法等方法,与学生自我设问、学生之间设问、师生之间设问等方式提出问题,培养学生提出问题的能力,促使学生由过去的机械接受向主动探究发展。

3. 自主探究

让学生在教师的指导下独立探索。首先让教师启发引导(如介绍理解相关概念,探究材料和探究工具的使用),然后让学生自己去分析。在探索过程中教师要适时提示,帮助学生沿概念框架逐步攀升。其中,有独立发现法、归纳类比法、打破定式法、发明操作法等方法。

学生始终处于主动探究、主动思考、主动建构意义的认知主体位置,但是又离不开教师事先所做的精心的教学设计和在协作学习过程中画

---

[1] 兰明乾:《信息技术环境下大学物理课堂中探究式教学的研究》,重庆,西南大学,2008。

龙点睛的引导;教师在整个教学过程中说的话很少,但是对学生建构意义的帮助却很大,充分体现了教师指导作用与学生主体作用的结合。

4.合作交流

教师指导学生在个人自主探究的基础上进行小组协商、交流、讨论(协作学习),进一步完善和深化对主题的意义建构,并通过不同观点的交锋,补充、修正加深每个学生对当前问题的理解。通过这种合作和沟通,学生可以看到问题的不同侧面和解决途径,从而对知识产生新的洞察。教师在指导学生进行协作学习时,必须注意处理与自主学习的关系,把学生的自主学习放在第一位,协作学习在自主学习的基础上并在教师的指导下进行。

5.综合运用

大学物理的教学目标之一,就是帮助学生学会物理的思维。解题绝对不应建立在纯粹的记忆和机械的模仿之上,而应留给学生充分发展的时间和空间,使其在自主学习和协作学习中,培养自己的观察、记忆、猜测、想象、纠错与创新解法等综合能力,当学生完成一些定律、定理的建构后,提供一些综合运用的机会让学生更好地掌握所学知识。

6.总结提高

由学生做或教师做,抑或师生共同做,教师总结课堂重点、难点,一方面可以为学生提供与学习主题相关的扩展材料,启发学生在课后思考,起到总结提高的作用;另一方面,可以通过让学生写小论文的形式汇报学习心得。

值得注意的是,以上探究式教学的六个步骤是对一般情况而言提出的,实际课堂中可以灵活变通。例如,局限于某个小问题,学生探究的时间不会很长,难度也不大,就没有必要严格按上述六个步骤展开,只需要提出(发现)问题—集体探究—得出结论(解释)。这样,让探究式教学和传统教学有机地结合起来,既能训练学生的探究能力,又能提高课堂教学效率。

第三节　基于信息技术的大学物理探究式教学的实施策略及案例

一、创设情境的策略

物理学本身就是一门与生活联系比较紧密的学科。不同的是，学生所要学习的知识是人类几千年来积累的间接经验，它具有较高的抽象性，要使他们理解性地接受、消化，仅凭目前课堂上教师的讲授是不可能达到的。这就迫使教师改变教学观念，探索教学技巧，从以下五个方面创设大学物理教学情境。

（一）创设真实情境，激发学生学习物理的兴趣与好奇心

建构主义学习理论强调创设真实情境，把创设情境看作“意义建构”的必要前提，并作为教学设计的最重要内容之一。例如，在上“刚体的定轴转动”课时，利用多媒体电脑多角度地展示刚体的平动与转动，定轴转动刚体上任取一点的运动轨迹（圆周运动），使学生很自然地联想到用角量来描述刚体的定轴转动。通过实物演示刚体角动量守恒或多媒体投影角动量守恒的实例，使学生更加明白为什么要引入“角动量”这个十分重要的物理概念[1]。

（二）创设质疑情境，变机械接受为主动探究

“学起于思，思源于疑。”学生有了疑问才会去进一步思考问题，才会有所发展、有所创造。苏霍姆林斯基曾说：“人的心灵深处，总有一种把自己当作发现者、研究者、探索者的固有需要。”在传统教学中，学生少有主动参与，多为被动接受；少有自我意识，多为依附性意识。学生被束缚在教师、教材、课堂的圈子中，不敢越雷池一步，其创造性和个性受到扼制。但在教学中，学生应该是教学的主人，教是为学生的学服务的。所以，教师应鼓励学生自主质疑、发现问题、大胆发问，创设质疑情境，让学生由机械接受向主动探究发展，这有利于发展学生的创造个性。

---

[1] 姜蓉：《大学物理实验网络辅助教学平台的探究与实践》，长沙，湖南大学，2014。

在课堂上创设一定的问题情境,不仅能培养学生的物理实践能力,更能有效加强学生与生活实际的联系,让学生感受到物理知识无处不在,从而让学生懂得学习是为了更好地运用,让学生把学习物理当作一种乐趣。另外,创设一定的问题情境还可以拓展学生的思维,给学生发展的空间。例如,利用多媒体投影展示在水平面上转动的陀螺,虽然它偏离竖直方向很大角度,但是没有倒下,学生自然就会产生疑问。

(三)创设想象情境,变单一思维为多向思维拓展

贝弗里奇教授说:"独创性常常在于发现两个或两个以上研究对象之间的相似点,而原来以为这些对象或设想彼此没有关系。"这种使两个本不相干的概念相互连接的能力,一些心理学家称为"遥远想象"能力,它是创造力的一项重要指标。让学生在两个看似无关的事物之间进行想象,如同给了学生一片驰骋的空间。

一位留学生归国后表示,如果教师提出一个问题,10个中国学生的答案往往差不多;而在外国学生中,10个人或许能讲出20种不同的答案,虽然有些想法极其古怪离奇。这说明我国的教育比较注重学生求同思维的培养,而忽视求异品质的塑造。有研究认为,在人的生活中,有一种比知识更重要的东西,那就是人的想象力,它是知识进化的源泉。因此,教师在教学中应充分利用一切可供想象的空间,挖掘发展想象力的因素,发挥学生的想象力,引导学生由单一思维向多向思维拓展。

教材中的图形是"死图",无法表现动态的物理图象及其形成过程,而黑板上的图形鉴于技术原因很难画得准确,而且也是"死图"。教师可以利用"几何画板"设计并创作课件,如简谐振动及合成、阻尼振动、驻波的形成、回旋加速器等,由学生通过网络访问教师放置在大学物理资源库中的课件,让学生独立探索,获得动态的物理图象,发展其想象力。

(四)创设纠错情境,培养学生严谨的逻辑推理能力

"错误是正确的先导。"在解题时,学生常常出现这样或那样的错误。对此,教师应针对学生常犯的一些隐晦的错误,创设纠错情境,引导学生分析、研究错误的原因,寻找治"错"的良方,在知错中改错,在改错中学习,以弥补学生在知识上和逻辑推理上的缺陷,提高学生解题的准确性,增强其思维的严谨性。

学生常常想当然地把中学物理的有关结论照搬到大学物理中,教师在黑板上很难表示清楚,无法使学生满意。教师可以利用"几何画板"、Flash、Authorware 等常用软件设计并创作一些典型的学生容易犯错误的示例课件,由学生通过网络访问教师放置在大学物理资源库中的课件,让学生自主探索,自己纠错。

(五)创设实验情境,培养学生的创新能力和实践能力

物理教学应鼓励学生用物理思维去解决问题,甚至去探索一些物理原理的问题。在教学中,教师不仅要培养学生严谨的逻辑推理能力、空间想象能力和运算能力,还要培养学生的物理抽象能力与思维能力,并加强在应用物理方面的教育。除了实物演示,最好的方式就是用多媒体教学一体机和"几何画板"等软件工具,为学生创设理想的实验情境。

二、提出问题的策略

多媒体网络技术猛烈地冲击着教育,它将改变教学模式、教学内容、教学手段、教学方法,最终导致整个教育思想、教学理论甚至教学结构的根本变革。网络环境下,教师如何培养学生提出问题的能力?经过笔者多次探索和试验,建议采取以下几种策略。

(一)培养学生提出问题的意识

利用多媒体教学一体机向学生展示科技发展史,尤其是物理学发展史,让学生意识到科学和技术中的重要问题历来都是推动物理学前进的最重要的力量。提出问题既是创新的起点和开端,也是解决问题的前提,提出一个问题,往往比解决一个问题更重要。我国近代著名教育家陶行知在一首诗中形象地写道:"发明千千万,起点是一问。禽兽不如人,过在不会问。智者问得巧,愚者问得笨。人力胜天工,只在每事问。"苏格拉底也认为,问题是接生婆,它能帮助新思想诞生。在提出问题的过程中,学生将经历思维的发散、流畅和聚敛的训练。对于学生来说,这是一次重要的思维训练过程,在思维活动乃至于认识活动中占有重要的地位。培根是实验科学的鼻祖,他曾经说过:"如果你从肯定开始,必将以问题告终;如果你从问题开始,则将以肯定结束。"问题的提出是实施探究式教学重要的开端，在教学的过程中要正确地引导学生发现问题、提出问题，再进一步探索，达到不断创新。

(二)创设提出问题的情境

要使学生能够提出有价值的"好问题"，需要教师创设问题情境，让学生学会观察、分析、揭示和概括。多媒体技术正好是创设真实情境的最有效工具，如果再与仿真技术相结合，则更能产生身临其境的逼真效果。教师通过精心设计教学程序，利用以多媒体技术与网络技术为核心的现代信息技术，创设与主题相关的、尽可能真实的情境，使学生能在和现实情况基本一致或相类似的情境中学习。

创设多种教学情境来激发学生的学习情感，使在教学过程中，师生之间、学生之间充分地互相交流，民主地、和谐地、理智地参与教学过程。这正是师生相互作用的最佳形式，也是发挥教学整体效益的可靠保证。

以真实可信的物理学史实创设问题情境。例如，在"电磁感应"的教学中，教师通过对法拉第的生平及其发现电磁感应现象的过程和坚忍不拔的意志的介绍来创设问题情境。又如，在"万有引力"的教学中，教师可以先介绍发现天王星的物理史，让学生明白科学家们发现天王星的运行轨道与理论计算的并不相符，那么教师就可以提出这些问题：是不是还有其他星体在对天王星施加力的作用？天王星的外边是不是还有另外的星球？进而大胆猜想假设，一定有一颗未知的星球存在，这样就能自然地引出对海王星的介绍。

(三)指导学生掌握提出问题的方法

1.课题质疑法

物理探究目标犹如指南针，为后面的学习指明方向。教师可以引导学生从知识的产生、运用，以及知识的前后联系上去质疑。例如，在教授"惯性系与非惯性系力学"课时，教师可以引导学生从课题入手提出质疑：什么叫作惯性系？什么叫作非惯性系？非惯性系中的力学问题如何处理？为什么要引入一个虚拟的惯性力？

2.因果质疑法

任何事物的原因与结果之间都有必然的联系,即有果必有因,有因必有果。教师既可以引导学生从结论入手提出问题,也可以从条件入手提出质疑。

3.联想质疑法

教师可以引导学生根据两个对象或两类事物在某些方面(如特征、属性、关系等)相同或相似之处产生联想,并由此入手提出问题:这些对象在其他方面是否也有相同或相似之处?为什么?

例如,在指导学生学习"机械振动"时,教师可以用Authorware、Flash、"几何画板"等软件工具设计并创作动物(马、豹、狼等)的奔跑、蜜蜂翅膀的抖动、荡秋千、拍皮球、心脏的跳动等课件,并把它们放在大学物理资源库中。这样,学生就可以通过网络访问这些课件,边看边产生联想,并提出问题:这些运动之间究竟有何联系?物体位置的变化特征是什么?物体的位移、速度、加速度如何描述?

4.方法质疑法

当学生做完大学物理习题时,教师可以引导学生对解答方法提出质疑:有没有更简便的方法?这种方法能解决哪些类型习题?

例如,学生在学习质点动力学时,常常遇到求解质点速度和加速度的问题。教师可以列举一道典型例题,分别用牛顿运动定律、动量定理(动量守恒定律)、动能定理(机械能守恒定律)求解,并由此引导学生提出质疑:运用这三种方法各自需要满足的条件是什么?在非惯性系中将会怎么样?若有转动物体的物体,又怎么样?

5.比较质疑法

大学物理课程中有很多相似而又联系的概念,这些概念的掌握有一定的难度,并且很容易混淆。教师可以引导学生边比较边质疑。

例如,对于力学中的速度和加速度、惯性和惯性力、动量和动能、动量和角动量等概念,学生常常分不清,容易混淆。对此,教师可以引导学生用表格的形式进行比较,并由此提出质疑:惯性大,惯性力就大吗?速度为零,加速度也为零吗?动量和动能有什么区别,又有什么联系?动量和角动量是什么关系?

6.批判质疑法

进行批判性质疑就是不依赖已有的方法和答案,不轻易认同别人的观点,而通过自己的独立思考和判断,提出独特的见解,其思维更具挑战性。它敢于摆脱习惯、权威等定式,打破传统、经验的束缚和影响,在一定程度上推动了学生的理解与思维的发展。在获取初步探索的结果上,要培养学生对已明白的事物继续探究的习惯,永不满足,进行探究性质疑。这样才能充分激发学生的好奇心和内在的创新欲望,培养学生探究性思维品质。

(四)指导学生掌握提出问题的方式

1.学生自我设问

每个学生都有自己的经验世界,不同的学生会对同一种问题形成不同的理解和看法,各人的接受能力也不相同。教师可以在大学物理资源库中创设与主题相关的、尽可能真实的情境,并指导学生在自主探索的基础上独立地提出问题。

2.学生之间设问

课堂上,学生在利用大学物理资源库进行自主学习的过程中,常常会遇到一些自己无法解决的问题,这时候可以通过网络向其他学生询问。对于某些方面的教学内容,教师有必要组织学生通过网络进行学生之间的互相提问。通过学生之间的沟通互动,他们会看到各种不同的理解和思路。在此过程中,学生可以学会厘清和表达自己的见解,学会倾听、理解他人的想法,学会相互接纳、赞赏、争辩、互助,由此他们会不断地对自己和别人的看法进行反思和评判。通过这种合作和沟通,学生可以看到问题的不同侧面和解决途径,从而对知识产生新的洞察。

3.师生之间设问

(1)教师提问——发电子邮件

教师随时巡视观察学生们的学习进程,及时了解学生当时的学习状况,并及时地发电子邮件给指定的学生,向他个别提问;也可以发电子邮件给部分或全部的学生,向他们提出共同的问题。

(2)学生提问——发电子邮件

学生在自主学习的过程中会遇到这样或那样的困难,也会碰到自己无法解决的问题,除了可以通过网络向同学询问,也可以发电子邮件向教师请教。

教学策略是对完成特定的教学目标而采用的教学活动的程序、方法、形式和教学媒体等因素的总体考虑。对于教学来说,没有任何单一的策略能够适应所有的情况,而有效的教学必须要有可供选择的各种策略因素,以达到不同的教学目标。教学设计者只有掌握了较多的不同的策略,才能根据实际情况制定出良好的教学方案。因此,教师在教学时要灵活运用上述“提出问题”的策略,并匹配最适合学生学习的网络技术,充分利用交互技术和网络的多维性来优化学习过程和教学过程,培养学生的创新意识和实践能力。

三、教学案例及分析

(一)教学案例

课题:“大学物理”—机械振动—简谐振动的合成。

1.教学设想

在以往的教学中,大都将简谐振动的合成仅按三角函数法和旋转矢量法讨论,从而得出简谐振动的合成规律。学生学过以后,丝毫感受不到简谐振动的合成的实用价值,更无法理解“拍”的现象和李萨如图形。因此,本次课程除了讲授简谐振动合成的定义,还要让学生阅读有关资料,从日常生活中找出一些简谐振动合成的例子,让学生亲身感受到物理知识的作用,从而促进对知识的理解。让学生通过“几何画板”软件工具和“简谐振动合成”课件,自己探究简谐振动的合成规律,再猜测和了解简谐振动合成的应用,以及“拍”的现象和李萨如图形在科学技术领域中的作用。

2.学习者的特征分析

学习者是大学一年级下学期的理工科大学生,学生对网络教学及探究式教学比较感兴趣,具备一定的计算机知识,基础知识扎实,具备一定的表达能力,在教师的指导下,会很快掌握“几何画板”的基本操作。大学生经过系统的基础教育,掌握了较为完整的知识结构体系。

从心理年龄上较中学生更为成熟。大学生思维活跃,对新事物接受较快,富有挑战性和求异性。大学生具有更加明确的价值取向,他们追求的是实现自身的价值,充分发挥自己的潜能。但也有个别学生的自控能力不强,教师要注意做好调控。

3. 教学目标

(1)知识目标

①让学生掌握简谐振动合成的有关概念,理解简谐振动合成的意义;②让学生掌握同方向同频率的简谐振动合成的振幅和位相的计算方法;③让学生理解“拍”和“拍频”的概念,知道李萨如图形。

(2)能力目标

①通过教学,开阔学生视野,加强学生物理知识的应用意识,提高学生学习热情;②通过教学,培养学生物理归纳概括能力和应用能力。

(3)情感目标

①通过探究式教学,使学生的学习成功感油然而生,树立学生学习的自信心;②通过探究式教学,让学生体会物理规律的美感。

4. 重、难点分析

(1)教学重点

①让学生理解简谐振动合成的定义及旋转矢量作图法;②让学生掌握同方向同频率的简谐振动合成的振幅和位相的计算方法。

(2)教学难点

理解“拍”和“拍频”的概念,李萨如图形轨迹形状变化的规律。

5. 教学媒体

“几何画板”软件工具、“简谐振动的合成”课件、上海交通大学提供的基于校园网的大学物理教学网站、多媒体网络教室。

6. 课时安排

2课时,90分钟。

7. 教学过程

(1)创设情境,激发兴趣(5分钟)

教师活动:利用音叉演示“拍”的现象,利用录像资料片介绍双簧管和钢琴等乐器如何根据“拍”现象调音,利用录像资料片介绍物理实验室,利用位相比较法测量声音的传播速度,利用李萨如图形测量未知频率。

设计意图：使学生对“拍”的现象和李萨如图形产生好奇，对位相比较法测量声速和李萨如图形测量频率产生疑惑，从而产生学习的欲望。

（2）问题提出，引发思考（5分钟）

教师活动：利用Flash将有关图片和动画以滚动的形式出现，教师根据图片的内容提出问题——简谐振动的位移、速度、加速度如何变化，运动轨迹如何？根据物体运动合成与分解的观点，引导学生自己提出问题——若一个质点同时参与两个简谐振动，质点的位移、速度、加速度、运动轨迹又将如何？

学生活动：在教师的引导下提出问题，并进行猜想和假设。

设计意图：问题提出，激发学生学习本次课的兴趣，为本次课的内容学习做好铺垫。

（3）动手操作，发现新知（35分钟）

教师活动：首先介绍简谐振动合成的定义，再布置任务，即本次课主要探究四种情况下的合成规律：①同方向同频率；②同方向不同频率；③相互垂直，同频率；④相互垂直不同频率。介绍“几何画板”软件工具的基本操作，简谐振动的动画创作思想——匀速圆周运动在直径方向上的投影是简谐振动。指导学生通过校园网访问大学物理课程网站，下载或共享“课程学习”“实验指导”中的“简谐振动的合成”课件，并介绍课件的设计思想（旋转矢量作图法）和使用方法。

学生活动：学生亲自动手操作，按教师布置的任务进行定向兼自主探究，同时阅读教材，拟定具体探究操作步骤，最终发现：①同方向同频率的谐振动的合成仍然是谐振动，通过旋转矢量法理解合振动的振幅和位相的计算公式；②同方向不同频率的谐振动的合成可能会出现“拍”的现象，并用自己的语言归纳出“拍”和“拍频”的概念；③相互垂直同频率的谐振动的合成，只有当两个谐振动的位相差为0和π时，合振动才是谐振动，质点运动轨迹为直线，其他情况下合振动的轨迹是圆或者向各个方向倾斜的椭圆；④相互垂直不同频率的谐振动的合成轨迹较复杂，当两个谐振动的频率为简单的整数比时，轨迹形状稳定，称为李萨如图形。兴趣特别浓的学生还会进一步自主探究李萨如图形轨迹形状决定于哪些因素(这在很多教材和相关资料上都没有介绍)。

设计意图:让学生主动参与学习活动,经历发现简谐振动的合成规律,让学生感受发现知识的乐趣,特别是发现教材上都没有介绍的新知识的乐趣,增强学生学习的自信心。

(4)合作交流,归纳结论(20分钟)

以上学生探究的"最终发现"只是教师的期盼,此期盼并非所有学生都能顺利达到。所以,这就需要学生先在课前分配好的小组内合作交流、协作学习,然后全班交流汇报,最后归纳结论。

教师活动:①组织学生按小组合作交流,对确实有困难的小组给予引导;②组织全班学生交流汇报,归纳总结出学生们的发现(此活动也可以指派组织能力较强的学生来完成)。

学生活动:个人探究活动与小组内合作交流活动有机地结合起来,积极完成探究任务。

注意:学生们可能会有一些教师意料之外的发现,教师首先要给予充分的鼓励和肯定,然后全班集体讨论和客观评定其正确性。

(5)运用新知,练习训练(10分钟)

教师活动:要求学生通过大学物理教学网站进行随堂练习,并适当进行点评。

学生活动:利用大学物理教学网站中"课程作业"进行练习并查看答案和得分,进行自我评价。

设计意图:通过巩固练习,特别加深学生对同方向同频率的谐振动合成的振幅和位相的计算公式的理解,因为这是本次课的教学重点(教师进行巡视,及时发现问题)。

(6)综合运用,知识提升(10分钟)

教师活动:①要求学生运用同方向同频率的谐振动合成的有关知识,讨论合振动的强度与两个谐振动的位相的关系;②提供有关技术应用方面的扩展资料,要求学生讨论"拍"的现象和李萨如图形在工程技术中的应用。

学生活动:同学之间相互交流讨论,得出"同相加强,反相减弱"的结论(这是后续章节波的干涉和偏振光干涉的重要基础)。

设计意图:通过交流和讨论,加强学生物理知识的应用意识,提高学生的学习热情。

(7)课后总结,知识升华(5分钟)

教师活动:教师总结本次课的重点和难点,要求学生们总结在探究过程中的成功之处和不足,特别是有了哪些新发现。

学生活动:以小组为单位,积极发言,畅谈“简谐振动合成”知识的应用价值和学习体会,思考是否有探究的新课题,课后以小论文的形式提交。

设计意图:学生在尝试知识应用的过程中,体会到知识的应用价值,感受到物理存在于身边、来源于生活、应用于生活,从而使知识得到升华。

(二)案例分析

在信息技术环境下,“简谐振动的合成”是一节典型的大学物理探究式教学应用课,既体现了探究式教学的理念,又充分发挥了网络资源和信息技术的优势,促进学生对所学内容的灵活应用和深层次理解。具体来讲,本次课具有以下特点。

学生在自我探究的过程中达到认知目标。大学物理课堂探究式教学有以下五个环节:①创设情境,引入课题;②提出问题,启发思考;③自主探究,自我发现;④同伴交流,交互心得;⑤总结提高,深层建构。对于本次课来讲,最主要的一个认知目标就是“同方向同频率的简谐振动合成的振幅和位相的计算方法”,该结论的获得正是学生采取了探究式学习的方式。教师提供给学生“几何画板”软件工具和具有探究式学习功能的“简谐振动的合成”课件,让学生采取自我探究、自我归纳的方法,自我发现规律,帮助学生对相关内容进行深层次的认知建构。

学生在体验中进行学习,掌握相关的学习方法,学习热情高涨。整堂课中,学生都在基于校园网的大学物理教学网站、“几何画板”等软件工具的支持下有兴趣地进行学习,体验到了规律的发现过程、利用简谐振动合成的知识应用于生活和测量技术,掌握了相关的学习方法。

合理地、充分地发挥了技术的优势。本次课主要采用了上海交通大学提供的基于校园网的大学物理教学网站、一人一台计算机的多媒体网络教室、“几何画板”软件工具和“简谐振动的合成”课件。利用“几何画板”软件工具进行自主探究和应用创作，很好地保证了学生相关知识的达成和掌握。

本次课注重物理知识的应用，使物理知识来源于生活，使学生在生活中去感受物理知识的价值。学生在了解了简谐振动合成的规律后，浏览了大量简谐振动合成的规律在科学技术领域中的实际应用，拓宽了知识的广度，在此基础上进行自我发现，描绘各种情形下的李萨如图形，感受物理的美和价值。

学生通过本次课独立操作学习，激发其学习动机，体验到了成功的喜悦，增强了学习自信心。

第四节　基于信息技术的大学物理探究式教学的实验研究

本节以重庆交通大学机电学院汽车服务工程专业0601班和理学院信息与计算科学专业0602班为例。

一、实验目的

检验所建构的基于信息技术环境下大学物理课堂中探究式教学的教学步骤的可操作性与教学方式的可操作性。

二、实验设计

（一）实验对象

重庆交通大学机电学院汽服0601班和理学院信息0602班，其中汽服0601班为实验班，信息0602班为对照班。在第一周上课时，教师对所有任课班级都做了一次摸底初评考试（主要检测学生大学物理AI的知识和能力），发现汽服0601班和信息0602班的基本情况较接近（初评成绩、男女比例、年龄等）。两个班级均有30人。把物理初评成绩

85~100分的定为优等生，65~85分的定为中等生，65分以下的定为后进生，各班优等生为8人，中等生为15人，后进生为7人。

（二）实验教材

北京邮电大学出版社出版，罗益民、余燕主编的《大学物理》教材，测试材料由学生物理学习测试成绩和大学物理学习情况调查问卷组成。

（三）实验方法

对适宜的教学内容，实验班采用探究式教学法，而对照班采用传统教学法。

（四）实验过程

实验时间为一个学期。

1.前测

两个班级学生的物理初评测试成绩，以及对实验班学生开展关于大学物理学习情况的问卷调查。

2.中测

两个班级学生期中考试的物理成绩。

3.后测

两个班级学生期末考试的物理成绩，以及再次对实验班学生开展关于大学物理学习情况的问卷调查。

三、实验结果分析

（一）在大学物理学习情况方面的比较

为了探讨探究式教学对学生大学物理学习情况方面的影响，于是对实验班学生在实验前、实验后分别展开问卷调查。在调查问卷中设置15个问题，由学生根据该问题对照自己的相符程度做出回答，回答种类分为A、B、C、D四种，然后计算出相应的百分比。

对大学物理学习很感兴趣或感兴趣的人数占比由实验前的40%上升到实验后的70%，能够很主动或较主动学习大学物理的人数占比由实验前的53.3%上升到实验后的83.3%。实验后，有90%的学生表明很喜欢或较喜欢物理探究式教学活动，且有90%的学生认为物理探究式学习法有利于或比较有利于学生学习物理基础知识。经常或有时会寻找多种解题方式的人数占比由实验前的46.6%上升到实验后的66.7%，经常或有时会主动提出问题的人数占比由实验前的50%上升到实验后的86.6%。实验后，有80%的学生表明经常主动或比较主动与教师、同学们交流，并有64.3%的学生表明有时怀疑或敢于质疑[1]。

由以上数据可得知，通过探究式教学让学生主动参与学习过程，既可以充分调动学生的学习积极性，激发学生学习大学物理的兴趣，发展其自主学习能力，又可以增强学生发现问题、提出问题和解决问题的能力与交流的能力，培养其创新意识、合作意识。最重要的是，绝大多数学生表示喜欢探究式教学法，并认同其理念和价值。

（二）在学习成绩方面的比较

为了探讨探究式教学在学生学习成绩方面的影响，本实验在实验过程中分别做了前测（初评测试）、中测（期中测试）、后测（期末测试），对实验班与对照班三种水平学生的大学物理平均成绩进行比较。

在实验前测（初评测试成绩）时，两组三个不同水平层次学生的大学物理成绩平均分差异不明显。在实验中测（期中测试），显示出两组三个不同水平学生的平均分有了差异。其中，优等生、中等生两组的差异较大。例如，实验班的优等生平均分比对照班的高1.5分，实验班的中等生平均分比对照班的高0.8分，低水平组的差异则不明显。在实验后测（期末测试），显示出两组三个不同水平层次学生的平均分有了更为明显的差异。其中，实验班的优等生平均分比对照班的高3.5分，实验班的中等生平均分比对照班的高2.1分，实验班的后进生平均分比对照班的高0.7分。这说明探究式教学对学生的学业成绩起到积极促进作用。

综上所述，通过探究式教学在大学物理课堂中的实施，可以提高学生学习大学物理的兴趣，激发其学习动机。学生既获得了丰富的物理体验，也增强了主体意识和创新意识。探究式教学主要培养学生的各种物理能力，同时提高学生的大学物理成绩。这说明信息技术环境下，大学物理课堂中探究式教学的教学步骤和教学方式不但具有可操作性，而且是有效的。

---

[1] 王帆：《推动实践与创新创业能力培养——云南大学实践教学与创新能力培养优秀论文集》，昆明，云南大学出版社，2021。

第五章　同伴教学法在大学物理教学改革中的应用与实践

第一节　研究的理论基础及同伴教学法的概述

同伴教学法的核心思想就是师生互动、生生互动，学生在教师的引导下主动探究、自主学习，完成物理知识的发现和构建。它符合美国哈佛大学心理学家霍华德·加德纳提出的多元智能理论、美国著名教育家杜威等提出的建构主义理论、瑞士知名心理学家让·皮亚杰提出的同伴与同伴交往的社会价值理论。

一、多元智能理论

美国哈佛大学心理学家霍华德·加德纳提出了多元智能理论。他把人的智能定义为个体用以解决自己遇到的真正难题或生产、创造出某种物质、精神产品时所需要的能力。他认为，世界上每个拥有健全大脑的人，都具有八种相对独立、程度不同的智能，即语言—文字智能、逻辑—数理智能、音乐—节奏智能、视觉—空间智能、身体—动觉智能、自知—反省智能、交往—交流智能和辨认—观察智能。由于这八种智能在不同个体身上组合方式的不同，因此导致了个体之间的智力差异和不公平发展。

（一）多元智能理论的学生观

多元智能理论所倡导的学生观是一种积极的学生观。它认为，每个学生都或多或少地具有八种智能中的一种或几种，只是其组合和发挥的程度不同。每个学生都有自己的优势智能强项，都有自己的智力特征、学习风格和学习方法。学校里不存在差生，每个学生都具有在某一方面或某几个方面发展的潜力，都是具有独立的智能特点和发展方向的可造人才。学生的问题不再是智力高低的问题，而是在哪些方面挖掘学生智力和怎样挖掘学生潜能的问题。作为同伴教学法的有效执行者,教师应秉持多元智能理论的学生观,全面开发每个学生大脑里的各种智能,为具有不同智力潜能的学生提供适合他们的不同类型的教育,为他们创造各种能够展现自己潜能的平台,给每位学生以多样化的选择,从而激发每个人的智力潜能,使其扬长避短,充分发展每个人的个性。只有这样,才能把学生培养成为不同类型的有用人才。

(二)多元智能理论的教学观

多元智能理论所倡导的教学观是一种"对症下药"的因材施教观。"因材"是指对学生个体差异的诊断,而"施教"是指在诊断的基础上采取适合不同特质学生的教育措施。只有这样,才能使不同学习类型和发展方向的学生都能增强自信心,寻求到与自身智能特点相匹配的学习机会,增加最大限度地发挥其自身智力潜能的可能性。教学中如果忽视了学生智能形式的多样性和复杂性,无论什么教育内容都使用"教师讲,学生听"的教学方法,无论针对什么样的教育对象都采用"一本教材、一块黑板、一支粉笔"的教学方式,那么就会违背因材施教和教学规律。因为千篇一律的教学方式不可能适合于所有学生,它可能对一小部分学生有效,对另一些学生则完全无效。这必然导致一部分学生其他方面的智力潜能得不到培养而停滞、萎缩,造成人才的浪费[1]。

运用多元智能理论的教学观,在同伴教学的过程中,教师充分发挥主导作用,学生主动构建具有个体意义的物理知识结构,保持对物理科学的兴趣,全面提升科学素养和科学态度,使情感逐步内化,充分体现学生在学习过程中的主体地位。因此,同伴教学法使学生的学与教师的教有机地结合为一个整体,在物理课程改革实践中持有广阔的应用空间。

(三)多元智能理论的评价观

评价是教学过程中非常重要的一环,对教育活动具有很重要的导向作用。受传统升学教育的影响,把学科分数和升学率作为评价教学的主要标准,使学校教育错误地估计了学生的潜能和发展潜力,忽视了学生可能成才方面的智能培养,这是本末倒置。多元智能理论认为应该摒弃以标准智力测验和学科成绩考核为重点的评价观,树立多渠

[1]韩彩芹:《工科大学物理实验开放性教学的探索与实践》,南京,南京师范大学,2006。

道、多种形式考查学生解决实际问题能力与创造出初步精神产品和物质产品能力的评价观。教师应该从多方面观察、评价和分析学生的优点和弱点，并把这些资料作为服务学生的出发点，选择和设计合适的教学内容和教学方法。评价是促进每个学生的智能充分发展的有效手段。

在同伴教学法的教学评价环节，一方面可以采用对照的方法选取两个班，实验班采用同伴教学法，对照班采用传统教学法，并对实施结果从定性分析到定量分析，研究同伴教学法对学生自主学习能力的培养、物理概念学习能力的养成，以及物理知识记忆保持能力的促进作用；另一方面可以通过对同伴实践中采取的预习报告与阅读测试题、概念测试题及课时作业这些措施分别做相关分析，多方面表征同伴教学法对学生各方面能力培养的促进作用。

二、建构主义理论

建构主义是源自儿童认知发展的理论，利用它可以较好地说明人类的学习如何发生、意义如何构建及概念如何形成等问题。因此，建构主义正越来越显示出其强大的生命力，并在世界范围内扩大着它的影响。

建构主义理论体系的核心概念是图式。图式是认识结构的起点和核心，也是人认识事物的基础。例如，人对钢笔的认识图式是，它是由金属和塑料组成的能够写字的文具。建构主义认为学生的认知发展受同化、顺应和平衡三个基本过程的影响。同化是指把外在信息纳入到已有的知识结构中，以丰富和加强原有的思维取向和行为模式。如果获得成功，就能得到暂时认识上的平衡。如果用原有的图式无法同化新的刺激，学生便会做出顺应，以调节或修改原有的图式去同化新刺激，从而建立新的认识结构去适应新环境，直至达到认识上的新平衡。这样同化—顺应循环往复，平衡—不平衡相互交替，让人的认知水平向更高的平衡状态呈螺旋式发展，实现了知识的学习从量的积累到质的转变。由此可见，同化是认知结构“数量”的扩充，顺应则是认知结构“性质”的改变。

(一)建构主义理论的知识观

建构主义理论认为,知识既不能完全准确无误地概括总结出世间的一切法则,也不能提供解决所有实际问题的措施。在解决具体问题的过程中,对原有的知识进行再加工和再创造时,一定要针对具体的问题情境。学生对理论知识的真正认识和理解,需要学生基于自身的经验背景而建构,依据具体的情境、建构的过程及程度的不同,学生理解的程度也不同。否则,即使学生死记硬背,或"生吞活剥",这也只是作为一种被动的复制式学习。由于个体的依附性,因此知识既不是问题的最终答案,也不是对现实的纯粹客观的反映。从宏观角度来说,它是人们对客观世界的一种解释和假说,且随着人们自身认知程度的深入而不断升华和改写。

(二)建构主义理论的学习观

建构理论认为,学习是获取知识的过程,这种过程并不是简单的信息输入、复制和提取,而是学生新旧知识之间或学生与环境之间反复、双向的作用的意义建构过程。意义建构是指弄清楚事物的性质、规律及事物之间的内在联系,是学生在原有经验的基础上对知识意义的再理解、再创造的过程。这种过程的完成是别人不能代替的。

学习是一个反复发现错误,并逐渐消除错误的过程。因为错误会引起学生经历冲突或不平衡,可以帮助学生更好地实现顺应,因此错误是有意义学习所必不可少的。要消除这些错误,需要学生具有进行推理的能力。推理是学生通过自我调节过程而实现的,不是通过记住教师所给的答案而发生的。因此,建构主义理论认为,学生不是知识的被动接受者,而是信息加工的主体,是知识意义的主动建构者和教学活动的积极参与者。教师是学生意义建构的引导者、激励者和促进者,无法替代学生进行学习。

(三)建构主义理论的教学观

建构主义理论认为,教学并不是对知识的传递,而是对知识的处理和转换。教师不能由外向内地给学生"灌输"新知识,而只能把学生原有的知识经验作为新知识的增长点,引导学生不断地将新知识与原有经验进行比较。当二者发生认知冲突时,学生学习的欲望和有意义学习随即发生。教师通过提出一些能激发思考的问题，引起学生的思考、质疑和认知冲突，并引导学生讲出自己的看法。这时，教师要有耐心地聆听他们的发言，然后提炼与概括矛盾的观点和事实，再组织持不同意见的学生进行讨论和沟通，帮助学生不断地对自己和别人的看法进行反思和评价。这样，学生就会看到问题的不同侧面和不同解决途径，从而丰富和调整自己的理解和认知，把知识整理归位，从原有的知识经验中"生长"出新知识，以实现对原有认知结构的改造和重组。由此可见，学生通过同化和顺应所掌握的知识，是不能通过简单的"告诉"就能奏效的，这也是教材中提供的知识远远不能比拟的。

教学的关键是给学生思维的原料，而不是成品。成功的教学不在于向学生传授牛顿、爱因斯坦有什么样的思想，更重要的是要向学生展示他们是怎么想的，以及他们的结论是如何得到的。如果学生只是学习前人的结论，不能理解他们是怎样知道这些结论的，那么他们永远不会了解和掌握思维的原则和技巧，也永远不能真正认识现实世界。

在同伴教学中，学习者互相帮助和鼓劲，并以合作建构的方式向目标靠拢。在寻求他人帮助或给同伴提供帮助的学习活动中，体现出了他们开始产生对知识建构的兴致和对新知识探索的勇气。同伴互动可以给学生提供丰富的、必须用以改变他们认知系统的环境，这种改变反过来又可以促使学生获得新知识。

三、同伴与同伴交往的社会价值理论

瑞士知名心理学家让·皮亚杰对同伴交往的社会价值十分重视，他指出了三个概念，即同化、调整和平衡。同化是指让个体在与他人的交往中受到他人的影响并内化自身；调整是指让个体在与他人的交往过程中根据自身的实际做出相应的调整；平衡是指个体的心理结构趋于成熟。在与同伴交往的过程中，学生可以相互学习、相互交流、相互鼓励，使每个人都拥有完善的人格。

四、同伴教学法概述

在传统教学中，教师始终处于权威地位，很容易造成"满堂灌"的课堂形式。同伴教学法则不同，在整个过程中，师生双方以合作、互动

为根基，不仅极大地促进了师生之间的交流，而且对学生发挥个体的主观能动性和积极性都非常有益。在传统教学过程中，由于学生大多数情况下是被动接受，参与度低下，导致他们常会由于惯性思维而服从教师——知识权威。同伴交往则会促进学生的批判性思维的养成，学生对教师的授课内容会有个体的思考，极大地提高了学生的课堂参与度。学生学会思考并尝试说服其他见解不同的同学时，自身对物理规律的理解也就更加深刻。同伴教学法能在很大程度上促进学习者认知能力的发展。教育的目的是要最大限度地教会学生思考和解决问题的能力，而不是单单解决个别的物理或者其他难题。从长远来看，学习的知识点或者习题会被遗忘，但是学习到的能力却是受用终身的。通过同伴教学法的使用，对于激发学生主动学习、独立思考、促进学生去积极面对问题并解决问题都有长远的影响。教学实践的重点也应该更多地放在关注学生的实际操作和思考问题的能力方面。

同伴教学法在教学实践中的社会价值主要体现在以下四个方面：

第一，形成良好的学习氛围。在同伴的陪伴下，互相鼓励、互相帮助，在交往过程中使他们获得心理和情感的支持。同伴教学法对同伴之间形成和谐共享的氛围具有长远的意义。

第二，显著地改善课堂气氛。试用了同伴教学法的课堂，课堂氛围活跃，学生积极地参与其中，在同伴的带动下，学生们的整体课堂参与度得到很大的提升。

第三，提升学生整体对课程的满意程度。课堂上学生的积极程度有高低之分，个别的学生长时间参与度低下，会否定自我、消极悲观，对学习乃至自身发展都会形成很大的阻碍。在同伴教学的课堂中，师生之间、学生与学生之间交流沟通、互相帮助，对学生的心理疏导和思维能力都很有帮助，同时极大地提升了个体在同伴中的认同感。

第四，同伴交流减轻了教师的课堂任务，使他们有更多时间来为学生构建良好的学习条件。师生在教学过程中的角色发生了变化，教学模式也发生了改变。教师不再只是知识的传授者，更多的是课堂交流活动的组织者、指导者、评价者和咨询者。

总的来说，同伴教学法促进了和谐的师生关系、活跃的课堂气氛、多变的交流方式，以此来改变学生不好的学习习惯，为培养学生的自主学习能力和独立思考能力打下了很好的基础。

第二节　同伴教学法在大学物理教学中的实践研究

一、实践效果

笔者在实践了同伴教学法后，利用Excel软件和SPSSV19.0软件对实验班和对照班的预习报告成绩、阅读测试题成绩、概念测试题成绩、期末考试成绩和期末考试试卷的第二次考试成绩进行了统计分析。结果表明，学生的自主学习能力、课堂上的物理概念学习能力和记忆能力均得到了提高。利用SPSSV19.0软件对实验班和对照班的期末成绩进行独立样本T检验，研究表明，修改后的同伴教学法既能适应学生的学习习惯，也能提高学生的大学物理成绩。利用Excel软件和SPSSV19.0软件统计学生预习报告成绩与阅读测试题成绩、预习报告成绩与概念测试题成绩、预习报告成绩与期末成绩的相关性，从而证明增加预习报告的必要性和有效性。

（一）增强学生的自主学习能力

对每节课程进行授课之前，学生按照大纲要求预习本节内容，教师主要通过预习报告检查预习情况，其必须涵盖本节课所有知识点及定义公式。预习报告不仅可以督促每个学生完成所有知识点的预习，还可以让教师了解学生预习中知识点的缺漏、重难点的划分及上节课疑难问题的反馈，从而设计有针对性的阅读测试题。

同伴教学法的实践周期为一学年，分为两个学期。第一学期处于实践探索阶段，采用埃里克·马祖尔（Eric Mazur）的同伴教学法。在对实验班全班阅读题成绩进行统计分析后发现，学生的阅读测试成绩普遍较低，部分学生课前不预习，阅读测试题随意选择。这不仅严重影响了教师对学生预习情况的把握，而且干扰了同伴教学法的正常实施，因此在第二学期增添了预习报告。为了验证其能否帮助学生自主学习，分别对实验班学生在两个学期的阅读测试成绩进行统计。每个学期64课时，平均2个课时做5道阅读题，共有160道阅读题，取160道阅读题的平均成绩进行比较分析，运用Excel绘制图表。

（二）增强学生的物理概念学习能力

概念测试题大约80道。两个学期的概念测试题成绩和阅读测试题成绩的变化情况大体相同，正确率明显提高。为了检测学生物理概念的掌握情况，学年的期末考试试卷上增添了不少测试概念的题目，最典型的就是第二学期期末考试试卷的第二项的物理概念名词解释。该项总分9分，共三个物理基本概念，分别为电极化强度、部分偏振光、离子晶体。考试后分别算出实验班与对照班的每题均分，通过Excel表格可得出两个班概念测试题均分的比较情况。

（三）增强学生的物理知识保持能力

以物理学基础知识为内容的大学物理课程所涉及的经典物理、近代物理和物理学在科学技术上应用的初步知识，是一个高级工程技术人员所必备的。因此，大学物理课是理工科各专业的一门重要的必修基础课。

各专业开设大学物理课的作用主要体现在以下两个方面：一方面，在于为学生较系统地打好必要的物理基础；另一方面，在于使学生初步学习科学的思维方式和研究问题的方法。这在拓宽学生思路、激发学生探索和创新精神、增强学生适应能力、提高学生素质等方面都有十分重要的作用。学好大学物理课不仅对学生的在校学习十分重要，而且对学生毕业后的工作和进一步学习新理论、新知识、新技术都将产生深远的影响[1]。

目前，大学物理学只在大学一年级开课，时长为一学年。之后在专业学习中要运用时，学生可能对其就有些遗忘，知识点概念也会模糊，导致专业学习受到限制，陷入“一步不懂，步步不懂”的恶性循环。所以，保持知识记忆对于学习大学物理也很重要。

实施同伴教学法半年之后，进行第一学期期末考试。学生第二学期开学第一天，抽取期末考卷中的6个选择题在实验班和对照班进行重复测验，目的是检测学生在一段时间内没有接触物理后，对物理知识的记

[1] 刘晶：《大学物理实验课程学生学习现状调查研究——以S大学为例》，上海，上海师范大学，2017。

忆情况。将两个班的期末成绩和第二次测验成绩数据输入SPSSV19.0软件中，输入数据时将实验班和对照班班级分别命名为“1”“2”，定义为班级变量，另一列变量名为成绩。将期末成绩和第二次测验成绩分别输入SPSSV19.0软件中，然后进行数据分析，选择*g*检验，得到两个班的*g*值的输出结果，如表5–1所示。

表5–1 实验班和对照班期末成绩和第二次测验成绩的*g*值

班级	选项					
	选择1	选择2	选择3	选择4	选择5	选择6
实验班	0.46	0.55	0.58	0.51	−0.55	0.64
对照班	0.2	0.66	0.18	−0.40	−3.14	−1.14

由表5–1可以看出，实验班仅有选择5小于0.3，其余都是0.3~0.7，而对照班只有选择2为0.3~0.7，其余都小于0.3，充分说明同伴教学法有利于物理知识的记忆保持。

（四）终结性评价分析

同伴教学法的实践研究结果表明，同伴教学法对大学物理教学具有一定的促进作用，但这不足以说明修改后的同伴教学法更适合学生的学习习惯。所以，探究同伴教学法具体教学效果如何，可以从比较实验班与对照班的期末考试成绩入手，对这两次成绩进行独立样本*T*检验，分析实验班学生进行一段时间实验教学后，学习成绩是否有显著性提高。

两次试题的类型一致，有选择题、简答题、计算题，总分100分。实验班的期末考试成绩定义为“2”，对照班的期末考试成绩定义为“1”，定义为班级变量，另一列变量为期末考试成绩。将两个班级的期末考试成绩数据输入SPSSV19.0软件中，选择菜单“分析”—“比较均值”—“独立样本*T*检验”，打开对话框，将两个配对变量移入Pair Variables列表框中，接着单击中间的箭头按钮，即可得到分析结果（表5–2）。

表5-2　实验班与对照班的期末考试成绩统计分析

组统计量					
课程	班级	N	均值	标准差	均值的标准误差
大学物理	对照班	45	74.96	9.342	1.393
	实验班	50	78.60	6.421	0.908

表5-2给出了对照班学生考试成绩的均值为74.96，实验班的均值达到78.60。虽然实验班是本二，入校时物理成绩低于对照班，但是经过一学年的同伴教学之后，均分反超对照班。对照班的标准差为9.342，实验班的标准差为6.421，标准差减小，说明班级学生之间的差异性变小。学生的均分提高，而个体差异性不显著，说明修改后的同伴教学法相比于传统教学法，更有效地促进学生整体物理水平的提高。实验班和对照班的*sig*值都小于0.05，说明两个班级的方差不齐，存在显著差异。由此可以看出，通过一学年的同伴教学法的实施，实验班的教学效果比对照班的要好，且存在显著差异。

二、同伴教学法在大学物理教学中的实践总结

经过一学年的大学物理同伴教学法应用研究，成功改变了传统物理教学的“满堂灌”模式，对学生的自主学习能力、概念学习能力和解决物理问题能力带来了积极的影响。大学物理同伴教学法应用的研究结果表现为以下四个方面。

（一）让同伴教学法适合大学物理课堂

中国的大学课堂大多数采用的是传统的讲授式教学方法，学生是被动的倾听者、接受者，他们的注意力主要放在对于知识要点的掌握上，他们习惯于这种教学方法。如何让学生接受同伴教学法，改变传统的学习习惯，解放思维，这是实现同伴教学法的前提。

埃里克·马祖尔教授经过多年的同伴教学的实践和研究，形成了同伴教学模式。但如果在“大学物理”教学中应用同伴教学法，就要充分考虑大学生的实际情况，要考虑教育体制的不同，要考虑考试方式的不同，要考虑到“大学物理”课程的特殊性。教师可以修改埃里克·

马祖尔的同伴教学法，删减讨论前选择，增添预习报告，培养大学生自主学习的能力，让修改后的同伴教学法更加适合大学物理课堂。

（二）同伴教学法的大学物理教案要体现学生知识、能力和素质的协调发展

在"大学物理"教学中引入同伴教学法，旨在提高学生在课堂中合作、互动和参与的积极性。在同伴之间互相质疑和解释彼此的结论的过程中，学生能产生更多的新思想和新方案，提高决策和推理水平。在"大学物理"教案设计中，如何设计影响学生的认知能力的阅读概念题和概念测试题调动他们的主动性，并不断激发他们，引导学生之间的合作学习，达成思维、情感与意志的和谐发展，从而达到学生的创新能力的提高，显得非常重要。

（三）手机终端反馈软件是进行同伴教学法的保证

手持设备反馈系统价格昂贵。不过，随着科技的进步和生活水平的提高，现在大学生几乎人手一部智能手机。这为手机终端反馈软件的应用提供了物质保证。手机终端反馈软件的使用能方便教学法教学效果的统计，提高课堂的流畅性，保证同伴教学法的实施。

（四）合理的教学评价是推广同伴教学法的必经之路

教学评价是依据教学目标对教学过程及结果进行价值判断，并为教学决策服务的活动。教学评价是研究教师的教和学生的学的价值的过程。根据客观性、整体性、指导性、科学性、发展性原则对同伴教学进行过程性评价，这是推广同伴教学法的必经之路。在学生的最终成绩中，预习报告应占比10%，阅读测试题成绩应占比5%，概念测试题成绩应占比15%，平时作业应占比20%，期末考试成绩应占比50%。

通过探究同伴教学法实践过程所修改的措施与教学效果的相关性分析可知，在实践研究过程中添加的预习报告，与自编的阅读测试题、改编的概念测试题及相对应的课时作业成正相关。因此，修改过后的同伴教学法能有效培养学生的自主学习能力，提高其学习物理概念的能力，学生对知识的记忆也更加深刻。这充分调动了学生的学习积极性，更加符合大学生的学习习惯。

第三节　同伴教学法在大学物理教学改革中的应用结论和建议

一、同伴教学法在大学物理教学中实践结论

通过一学期的教学模式改革,结合前面的研究可以很清楚地得到以下结论。

(一)学生对同伴教学法很感兴趣

大部分学生对同伴教学法非常感兴趣。他们表示,通过课前预习能够使自己带着问题进入课堂,而在课堂上,他们更喜欢引起能认知冲突的问题。特别是当第一次投票结果显示全班的选项非常分散的时候,他们就非常急切地想知道为什么其他同学和自己的想法不同,并且迫切地表达自己的观点来说服同伴接受自己的观点。在教学过程中,当学生的选项比较分散时,就是应该向学生展示他们选项统计分布的柱状图的时候。这就教育心理学中所说的“引起认知冲突”,这往往就是学生求知的起点。由于通过同伴讨论激发了学生的学习兴趣和求知欲望,大部分学生更乐意花更多的时间在物理学习上[1]。

(二)同伴教学法提高了学生的有效参与度

在同伴教学中,学生不是“空着脑袋”进入课堂,而是在课堂上解答概念测试题,并积极地参与到讨论中表达自己的观点,并说服同伴接受自己的观点,这提高了学生的课堂参与度和学习效率。

(三)同伴教学法提升了学生对概念的理解能力

讨论后学生投票正确率的增长,以及期中测试、期末测试的结果均表明,同伴教学法提升了学生的概念理解能力。迈克尔(Michael)等从学习科学、认知科学和教育心理学方面寻找证据分析表明,包含同伴教学在内的积极教学策略可以促进学生的学习。

[1] 田雪晴:《基于JiTT的同伴教学法在大学物理教学中的应用研究》,武汉,华中师范大学,2016。

（四）运用同伴教学法后，学生的问题解决能力与传统教学相当

尽管埃里克·马祖尔的研究组发现，不管是用MBT还是用传统的期末测试卷都能证实在实施了同伴教学法的班级中，学生的问题解决能力相对传统课堂都得到了提升，但我们的教学实践数据没有充分证实这个结论。然而，很多同伴教学课堂的教学过程是很不一样的。例如，教师是否给回答错误的学生同等的时间来解释他们的逻辑推理，并做出有针对性的反馈等因素都会影响到教学效果。但根据我们的研究，至少可以得出这样的结论：在同伴教学中，教师用了更多的时间去帮助学生理解核心概念。这就意味着，教师会在传统物理习题的教学上花费更少的时间。因此，与传统教学相比，学生的问题解决能力没有降低。毕竟我们只是在大学物理课堂中初步尝试应用同伴教学法，可能在教学问题的设计、课堂管理、师生互动等方面还有需要改进的地方，以促进学生多方面能力的发展。另外，合适的评价测量工具也是不容忽视的因素。因此，建立合适的评估工具来评估学生学完大学物理后的问题解决能力是非常急需的。有了被大家认可的工具后，比较在不同的教学环境下的教学结果就容易得多了。

（五）同伴教学中的行为改变与教学结果成正相关

通过探究同伴教学实践过程所采取的措施与考试成绩的相关性分析可知，在实践过程中，课前网络预习、平时作业和课堂投票参与次数都会影响学生的测验成绩，这三个因素与考试成绩成正相关。因此，在同伴教学实践中，应注重这三个有效措施的实施，充分调动学生在课前、课中和课下的学习积极性，有效延长学生自主学习的时间，从而提高教学实践效果。

二、基于同伴教学法在物理概念教学中的建议

（一）同伴教学法需要更多教师投入

同伴教学法在大学物理课堂中的应用，对学生来说还是一种较新的教学方式，它要求学生能够积极主动地参与，所以在教学步骤中，它强化了课前预习的检测及课堂教学中的同伴讨论和投票环节。为了保证教学进度的顺利进行，同伴教学的课堂不可能像传统课堂那样，教师做到事无巨细地讲解，对于部分相对好理解的内容，必须要求学

生自学。但在平时的观察中我们发现，有些学生反映自学物理时抓不住重点，他们更喜欢教师在课堂上将教材中的所有知识点详细地解释给他们听，他们更适应那种教师在课堂上讲，而他们坐在座位上边听边做笔记的课堂形式。少量学生不愿意参加讨论，因为他们与旁边的同学不熟，这个问题是教师始料未及的。我们希望他们经常坐不同的座位，这样可以和不同思维方式的同学交流。实际上，大家对这个提议不感兴趣，因为大部分学生还是喜欢和自己熟悉的同学交流。

为了解决自学物理抓不住重点的问题，在以后的同伴教学课堂学期开始的时候，会给学生提供一个教学大纲，详细列出每节重要的概念和知识点，以便指导学生进行自学。为了让学生之间、师生之间的互动更加便利，可以建立一个QQ群。学生可以随时将不懂的问题贴到QQ群中，学生们可以相互讨论，教师和助教也可以帮助解答。同时，在课堂上，还需教师走到学生之间鼓励学生讨论并参与到学生的讨论中。因此，在同伴教学法的实践过程中，需要更多的教师参与进来。

（二）概念讨论题难度应该适中

在同伴教学中，如果题目太难，同伴讨论后，学生回答的正确率可能不会有大的增长。实践表明，当学生的初始正确率为30%~70%，同伴讨论后的增益是最大的。如果一个概念测试题太难，在没有教师干预的情况下，同伴之间很难形成有意义的讨论，因为理解这个问题的学生很少。所以，核心概念问题的设计与选择对形成有效的讨论非常重要。埃里克·马祖尔教授的同伴教学手册中花费大量篇幅，几乎涵盖了大学物理中的所有主题，这是很难得的资源。同时，学生经常问的问题、作业中常错的知识点等都是建立核心概念的重要途径。

（三）学生投票时的从众问题

从一学期的同伴教学讨论正确率情况来看，同伴讨论的结果是十分显著的，正确率的增益很高，但这并不能完全说明就是同伴教学的效果显著，能让学生在短时间内对物理概念有较好的了解。在运用Clicker系统进行同伴教学中会发现，学生投票时，会在投影仪上实时显示当时的各个选项的票数，学生可以在第一次投票后了解该测试题的投票情况,简单通过投票比例关系从众“推理”出正确答案。题干内容如下。

真空中有一“孤立的”均匀带电球体和一均匀带电球面,如果它们的半径和所带的电荷量都相等,则它们的静电能之间的关系是( )

A.球体的静电能等于球面的静电能

B.球体的静电能大于球面的静电能

C.球体的静电能小于球面的静电能

D.球体内的静电能大于球面内的静电能

E.球体外的静电能小于球面外的静电能

本题的正确答案是B,运用高斯定理结合静电场的能量概念可以进行解释。第一次投票后,给学生近3分钟的同伴讨论时间,再进行第二次投票。最后发现,学生对高斯定理理解及运用高斯定理解决问题存在很大疑问,这需要教师对高斯定理的运用做进一步基础讲解。

第六章　基于翻转课堂的大学物理教学改革与实践

第一节　翻转课堂的概念和理论概述

一、翻转课堂教学模式的基本概念

（一）翻转课堂教学模式的定义

翻转课堂是根据英语“Flipped Class Mode!”翻译过来的术语，一般也译为“反转课堂”“颠倒课堂”。学术界还没有对翻转课堂有统一的概念界定。例如，英特尔公司全球教育事务总监布莱恩·冈萨雷(Brian Gonzalez)认为：“翻转课堂是指教育者赋予学生更多的自由，把知识传授的过程放在教室外，让大家选择最适合自己的方式接受新知识；而把知识的内化过程放在教室内，以便学生之间、学生和教师之间有更多的沟通和交流。”萨尔曼·可汗是这样描述翻转课堂的：“教师分配视频讲座给学生，学生按照自己的节奏暂停、复读，用自己的时间做这些事情，按照自己的节奏进行学习，之后回到教室，在有教师指导的情况下，自主学习，同龄人之间可以相互配合，教师运用科技力量营造人性化的课堂。”也有一部分国外的学者是从实施方面进行定义的，如“翻转课堂是指通过运用现代技术，教师将常规课堂里教师讲授的部分制作成教学视频，作为学生的家庭作业布置给学生，学生在家中观看并学习视频中的讲授内容。而课堂教学则贯穿师生互动，开展合作学习，解决学生观看教学视频后产生的问题，并进行进一步的知识应用和拓展，发展学生的高级思维能力等”。

以上是国外一些学者对翻转课堂的定义，翻转课堂传入我国之后，我国教育学者也尝试对翻转课堂进行了解释。例如，苏州电教馆馆长金陵认为，翻转课堂是“翻转了传统的教学结构，即把传统的学习知识主要在课堂、内化的知识主要在家里，转变成为学习的知识主要在家里、内化知识主要在课堂。”刘荣教师认为，翻转课堂是“由教师创建学习视频，学生在家或课外观看视频讲解，然后再到课堂中进行师生、生生面对面的分享、交流学习成果和心得，以实现目标的一种教学形态”。南京大学的张金磊、王颖、张宝辉认为，翻转课堂是“知识传授通过信息技术的辅助在课后完成，知识内化则在课堂中经教师的帮助与同学的协助而完成的”。

因此，翻转课堂是相对于当前的课堂上教师讲解、学生听讲，课后学生完成作业的教学形式而言的，它是指利用信息技术的便利，教师将对知识点的讲解录制成短小精悍的教学微视频，配以其他学习资料，通过学习管理平台发送给学生，学生在教师的指导和引导下先进行自学，完成课前练习，基于学习管理平台上的信息，教师在详细把握学情的情况下，在课堂内有针对性地重点讲解，和学生一起解决疑难，完成作业的一种新型的教学模式。

（二）翻转课堂的特征

根据以上国内外学者对翻转课堂的解释，我们不难发现翻转课堂主要具备以下六个特征。

1.学生积极主动的学习状态

在翻转课堂教学模式下，学生有较为充足的时间学习课前微视频及其他学习资料，掌握相关的知识内容，为课堂上的学习做好认知准备。认知准备做好了，对即将到来的课堂教学就比较容易有积极的情绪和情感。反之，如果没有做好认知准备，将很难有积极的情感和态度[1]。

2.以个体指导为主的教学风格

相对于传统的课堂，在翻转课堂上，教师的教学行为发生了明显的变化，其中的一个突出表现就是，教师面向全班的讲解减少，而面对学生小组或者个体的单独指导增多。教师不再是以往的“讲师”、讲台上的“圣人”，而是转变成了学生的“教练”、学生身边的“辅导者”。

3.师生之间、生生之间的有效互动

由于教师和学生对课堂教学做了充分的准备，学生在课堂上表现

[1]樊鸥：《翻转课堂教学模式有效性研究》，哈尔滨，哈尔滨师范大学，2021。

得更为积极活跃，会展示自己所学知识，并尝试解答他人问题或提出新的问题。师生之间的交流也会更深入、更广泛，学生的体验感会更丰富、更深刻。翻转课堂将原先教师课堂上讲授的内容转移到课下，在不减少基本知识展示量的同时增强了课堂中与学生的交互性，该转变将极大地提高学生对知识的理解程度。

4. 课堂教学多维目标达成

基于课前的学习，学生清楚地知道自己的问题和困惑，甚至有的学生通过课前的自学已经达到了课堂教学的目标。在学习过程中遇到的问题，可以先和同学讨论，如果同学之间解决不了，教师可以进行单独辅导。对于那些自学就可以达到教学目标的学生，在课堂上他们就可以有更多的机会发展高级思维，从事更具有探究性的项目学习等。

5. 颠倒传统的教学过程

翻转课堂最大的特征是颠倒了传统的教学过程。传统的教学过程是先由教师在课堂上讲授知识，然后学生课下以完成作业的形式进行知识巩固。在传统教学过程中，知识传授的过程发生在课上，知识内化的过程发生在课下。翻转课堂正好相反，课前，教师根据教学目标提供以教学视频为主的学习资源，供学生在家或在校观看，初步完成知识的学习，即知识讲授过程放在了课前；而在课堂上，学生就课前知识建构过程中产生的疑惑向教师或同学请教，教师给予学生有针对性的指导，另外学生也可以进行小组讨论、协作学习等方式对知识进行深化提升、学以致用，即在课上完成知识的内化过程；课后学生则借助教师提供的学习资源进行反思和总结。因此，翻转课堂颠倒了传统的教学过程，重新定义了教学中各个过程的作用。

6. 创新的知识传授方式

翻转课堂教学资源最为重要的组成部分是短小精悍的教学视频。在翻转课堂教学模式中，教师课前提供以教学视频为主的学习资源供学生自学，完成知识的讲授过程。教学视频通常是针对某个特定的知识点或某个特定的主题，长度一般为5~20分钟。学生在观看的过程中可以暂停、回放，既有利于学生思考并做笔记，也有利于学生进行自主学习。学生课前观看教学视频没有时间限制，氛围更加轻松，不必像在课堂上那样神经紧绷,担心遗漏教师讲授的知识点。用视频呈现知识点的另一个优点是,学习一段时间后,可以重新观看教学视频进行复习巩固。

综上所述,翻转课堂作为一种新型的教学模式,实现了对传统教学模式的革新,更加符合新时代的要求,让学生的学习更具有自主性,师生之间、生生之间的有效互动更为广泛。

二、翻转课堂的理论基础

翻转课堂教学有许多理论基础,比较有影响力的是建构主义学习理论、掌握学习理论、混合学习理论、先学后教理论。

(一)建构主义学习理论

1.建构主义学习理论的观点

建构主义丰富的理论内容可以用一句话概括,即以学生为中心,强调学生对知识的主动探索、主动发现和对所学知识意义的主动建构(而不是像传统教学那样,只是把知识从教师头脑中传送到笔记本中,甚至教师把知识从教科书上传送到学生的笔记本上)从以上观点出发,建构主义学习理论可以概括为以下观点。

(1)学生观

建构主义强调,学生在走进教室之前,头脑中就拥有一定的知识,他们在日常生活、学习中已经形成了丰富的经验。所以教师不能忽视学生的这些经验,而是要把学生现有的知识经验作为新知识的生长点,引导学生从原有的知识经验中"生长"出新的知识经验。教学要为学生创设理想的学习情境,增进学生之间的合作,激发学生的推理、分析等高级思维活动,促进学生自身积极的意义建构。

(2)教学观

建构主义认为,学习不是知识由教师向学生的传递,而是学生构建自己知识的过程。学生不是被动的信息接受者,而是意义的主动建构者,这种构建不可能由其他人代替。

2.建构主义学习理论的特征

学习者的知识构建过程具有以下三个重要特征。

(1)学习的主动构建性

面对新信息、新概念和新命题,每个学生都会以自己原有的知识经验为基础构建自己的理解。学习是个体构建自己知识的过程,这意味着学习是主动的,是对外部信息做主动的选择和加工。

(2)学习的社会互动性

学习是通过对某种社会文化的参与而从中内化相关的知识和技能、掌握有关工具的过程,这一过程常常需要通过一个学习共同体的合作互动来完成。学习任务是通过各成员在学习过程中沟通交流、共同分享学习资源完成的。

(3)学习的情境性

建构主义者认为,知识并不是脱离活动情境抽象地存在,知识只有通过实际情境中的应用活动才能真正被人理解。因此,学习应该与情境化的社会活动有机地结合起来。

翻转课堂教学模式充分体现了建构主义思想理念。翻转课堂教学活动就是在一定的情境下师生之间、生生之间进行协作、会话和意义建构的过程。在翻转课堂的实施过程中,教师通过制作有趣的教学视频,激发学生的学习兴趣,保持学生的学习动机,通过创设符合学生年龄特征和认知规律的教学情境,在"最近发展区"的原理下,学生运用原有的知识基础在教师和其他同学的帮助下完成意义建构。在课堂上,教师不再是传统教学过程中的知识传授者,而是通过个别化的辅导来帮助学生,组织学生进行协作学习、讨论交流,鼓励学生质疑问难,引导学习朝着有利于学生意义建构的方向迈进,真正实现了教学相长。从以上观点来看,翻转课堂的教学是非常符合建构主义学习观的。

(二)掌握学习理论

掌握学习理论是由20世纪五六十年代美国著名的教育家、心理学家,芝加哥大学教育系教育学教授本杰明·布鲁姆提出的。掌握学习理论是指在所有学生都能够学好的思想指导下,为所有学生提供个别化帮助以及所需的额外学习时间,从而使大多数学生达到规定的掌握目标。他指出,如果教师按照规律有条理地进行教学,在学生学习遇到困难的时候能够及时给予帮助,并给学生提供足够的时间以便掌握知识，对掌握的标准进行明确的规定，那么所有学生事实上都能够学得很好，大多数学生在学习能力、学习速度和学习动机方面的差异化程度会逐渐缩小。

布鲁姆的掌握学习理论对于中小学教育实现大面积提高教学质量、减少学困生等教育难题具有积极的意义。事实上，掌握学习理论很难真正实施，主要原因是在传统的班级授课制条件下，教师难以践行这种教育理念。其一，给学生足够的时间这点就不切实际，由于教学进度和教学要求，教师不可能根据每个学生的需求提供足够的时间；其二，教师如何为学生提供个别化指导，传统的教学主要是课堂上进行知识传授，课下学生完成作业，教师不可能在一堂课上讲授不同类型的课以适应不同层次学生的需要；其三，为了让学生达到熟练的程度，在操作方法上更多地采用重复训练的方法，导致实验班的学生所需的时间比对照班的学生需要的时间多一些。

采用翻转课堂的形式可以克服掌握学习理论操作上的问题。按照掌握学习理论，不同层次的学生掌握同样的教学内容所需要花费的时间是不一样的。在翻转课堂中新课学习是放在课前的，学习能力强的学生可以在较短的时间内通过观看视频就达到课程目标要求的掌握水平，而学习能力差的学生可以在课下多用一些时间，多观看几遍视频尝试达到相同的掌握程度。课堂上，教师也可以从传统的“灌输者”这个角色解脱出来，留出时间给学生提供个性化的辅导。从这个角度来说，掌握学习理论是翻转课堂教学的理论依据，同时翻转课堂的实践又能够克服掌握学习理论存在的一些缺点。

（三）混合学习理论

混合学习（blended learning）的提出源于网络学习（E-learning，又称数字化学习或电子化学习）的兴起以及关于“有围墙的大学是否将被没有围墙的大学所取代”辩论的深入研究和探讨。它是在网络学习的发展进入低潮后，人们对纯技术环境进行反思而提出的一种学习理念。混合学习的思想是在教育过程中，根据不同的问题采用不同的媒体与信息传递方式，已达到降低成本、提高效益的一种学习方式。它是多种学习方式结合的综合体，将多种教学模式的优点结合起来综合运用的一种教学模式。

混合学习理论主要具有以下三个特点。

1.综合性

混合学习理论的综合性主要体现为以下两个方面：一是混合学习的理论基础深厚。混合学习的理论是多元化的，是多种理论的混合，主要包括行为主义学习理论、认知主义学习理论、建构主义学习理论、人本主义思想、教学系统设计理论、活动理论及创造教育理论等。二是混合是与教与学相关的多个方面的组合或融合，不同的教学方式、教学环境、教学媒体、教学要素等诸多方面的有机结合。

2.应用性

混合学习实践起点则源于企业培训，最先在企业中得以应用。采用混合学习的方式，企业在一定程度上确实减少了成本投入，增加了商业收益。对于学校教育而言，很多国家也将混合学习理论应用到实践中。在中小学教育和高等教育中，不同学者和教师将混合学习理论应用到教改中，对其进行了深入的研究和探讨。2009年，美国教育部通过对1996—2008年在高等教育中开展的实证研究数据进行元分析，指出与课堂面授教学、远程在线学习相比，混合学习是一种最有效的学习方式。

3.发展性

混合学习理论的发展性主要体现为以下两个方面：一是混合学习理论的内涵将会得到不断的充实和完善，混合学习的模式和方法将会越来越多样化，混合学习所涉及的内容（主要是课程）将会越来越广，其趋势将遍及所有类型的课程；二是混合学习理论的应用将会不断深入，会有越来越多的人、学校、企业、机构、国家等参与到其中。混合学习的不断发展在一定程度上会大力促进教育的国际化和全球化。

通过上述分析我们发现，翻转课堂属于一种新型的混合学习模式。面对面的传统授课方式和基于信息技术的在线学习各有优势和不足，翻转课堂正是对两者进行整合，将两者的优点有机地结合起来而产生的一种新型的学习模式。课前的视频学习给学生足够的时间，学生可以根据自身的学习习惯和学习能力，自主安排学习时间和地点，甚至可以自主选择学习资源和一些辅助材料，这充分体现了学习的个性化。教师可以根据学生课前学习的情况,制订相应的教学计划,在面对面课堂教学中运用合理的教学方法,有针对性地因材施教。正是因为翻转课堂结合了传统授课和在线学习两种方式的优势,所以翻转课堂可以满足不同学生的不同学习风格,真正达到了降低教育成本、提高教学效益的目的。

(四)先学后教理论

先学后教理论的基本内涵在于通过改变传统教学中的师生关系,使学生成为教学的主体,教师转变为指导者和辅助者。教学顺序改变为学生先学而教师后教,从而保证教学在学生自学的基础上更具有针对性。首先,“先学”是引导学生先去实践,从而形成初步认识;“后教”则让学生在已有实践与认识的基础上,进一步拓宽实践的广度和加深认识的深度,这种“实践—认识—再实践—再认识”是符合认识论的基本规律。其次,从心理学角度分析,“先学”彰显了学习主体的角色,尊重学生个体心理的差异性与独特性,充分释放了学生的学习潜能,这些显然都是人本主义心理学积极倡导的教育理念。最后,从教育教学理论来看,先学后教内蕴着“主体性教学”“分层教学”“差异教学”“因材施教”“教是为了不教”等理念。

在翻转课堂教学模式传入我国之前,我国已经开展了一系列的先学后教模式,如木渎高级中学“问题导向自学模式”、洋思中学的“先学后教,当堂训练”模式、杜郎口中学的“杜郎口教学模式”等。这些教学模式为翻转课堂在我国实施提供了一些借鉴作用。通过前面的分析我们发现,翻转课堂教学模式也是根据先学后教理论建立起来的。它要求学生课前先进行自学,课堂上教师再根据学生的自学情况给出个性化的指导。同时,教师将一些易懂的知识以教学视频、课件等形式呈现,要求学生课前学习完成,再在课堂上有针对性地讲解学生学习过程中存在的问题,鼓励学生参与课堂互动,这些都符合先学后教的理念。

第二节　大学物理翻转课堂的教学设计

为了使大学物理翻转课堂教学实施得更顺利、更优化，笔者以助教和授课教师的身份进行商讨，对教学对象、教学内容、教学策略、教学过程和教学评价进行分析。

一、教学对象分析

了解学生是教学设计的基础，学生的思维特点、知识基础、情绪情感等因素是翻转课堂能否顺利实施的重要因素，因此首先应对教学对象进行分析。

此次实施选取的实验班为土交01、土交02、交通01三个班，对照班是土建01、土建02，实验班和对照班均是同一个教师所教。实验对象基本年满19周岁，这个年龄层次的学生具有以下几个特征。

1. 思维特点

大一新生刚刚结束青春期，处于抽象逻辑思维占主导地位的阶段，属于青年初期。思维特点主要是，由经验型的抽象逻辑思维逐步向理论型的抽象逻辑思维转化，并由此向辩证逻辑思维的初步发展。同时，在青年初期，他们已经开始试图对经验材料进行理论性概括。

2. 知识基础

大一新生刚刚经历过高考，多年的奋斗和拼搏总算有了一个满意的结果，高中时的辛劳换来了心理的慰藉，多年的理想变为现实。此时他们的知识储备最充足，授课教师要根据他们此时的知识储备，建立在原有知识的基础上进行授课。

3. 情感特点

大一新生与高中生相比，自我意识更强，总有一种自己长大了，应该自立的成人感，不愿再受他人支配，同时他们的自我管理能力也大大提升，能够管理好自己的空闲时间；他们对新事物有着强烈的好奇心，表现出浓厚的学习兴趣。

因此，大一的学生完全可以进行翻转课堂的学习。需要注意的是，授课教师需要制作有趣、富有吸引力的视频激发学生自学的兴趣，尽量做到语言形象、教具直观、实验多样，在课堂教学中创设生活情境、组织有挑战性的活动，通过比较、分析、综合、归纳、演绎等方法，逐步引导学生建立抽象的物理概念，发展思维，培养学生的科学素养。

二、教学内容与教学策略分析

（一）教学内容分析

教材内容分析是教学设计的重要环节。明确教材编排是否适合实施翻转课堂教学模式对研究具有重要的意义。大学物理课程是教育部规定的高等院校理工类专业面向低年级大学生开设的一门重要必修基础课。其中的内容涵盖了力学、电磁学、光学、热学和近代物理五个部分，每个部分都包含了许多物理概念，其中有些物理概念比较烦琐、抽象，需要学生花费大量的时间去学习理解。目前大学的课时分配比较紧张，大学物理总授课时为98个课时。因此，在大学物理课堂中实施翻转课堂是非常必要的，课前学生有充足的时间反复观看课前视频进行新知识的学习，在课堂上学生可以就自己的疑惑进行提问，这样就可以解决传统课堂中教师由于时间限制不能充分授课的问题[1]。

本次实施选择的教材为高等教育出版社马文蔚第五版《物理学》，实施时间从2016年3月到2016年6月，共实施16周。这一阶段的学习内容共有13个单元，针对所使用的教材内容、课时安排及翻转课堂的特点做出的教学安排，划分了学生每节课要学习的重难点，课前自学的范围及研讨题目。其中，重难点主要是依据《理工科类大学物理课程教学基本要求》来确定，同时依据重难点来确定研讨题目，希望通过学生对研讨题目的思考，掌握重难点内容。

（二）教学策略分析

本节主要是结合翻转课堂教学模式的理论基础、学生的学习现状，对翻转课堂的教学实施进行策略设计。

[1]刘琦：《基于学本评价的翻转课堂教学效果的实证研究》，西安，陕西师范大学，2018。

1.掌握学习教学策略

掌握学习教学策略是由美国教育学家布鲁姆等人提出的,意在将学习过程与学生的个别需要结合起来,从而让大多数学生掌握所学内容并达到预期教学目标的教学策略。

第一,掌握学习教学策略保持了班级群体教学形式,在群体教学的基础上进行个别化、矫正性的帮助。在翻转课堂上,授课教师会将课前学生普遍存在的问题进行统一讲解。然后针对个别学生的问题给出指导,从而使绝大部分学生的问题得到解决。

第二,掌握学习教学策略以目标达成为准则。只有95%以上的学生都达到了单元教学目标,才能进入下一个单元。虽然在翻转课堂的实施过程中没有硬性的要求必须95%的学生达到教学目标,但是在实施过程中,课前教师会给学生足够的时间进行自学,提供充足的自学材料,从而保证学习困难的学生和能力较强的学生都能够在课前较好地习得知识。然后通过课堂上教师的讲解与个别化指导,就能够保证绝大多数学生达到教学目标。

第三,掌握学习教学模式将教学与评价紧密地联系起来,充分运用各种形式的评价,特别是形成性评价(在学习形成期间的评价)。在本次翻转课堂教学的实施过程中,任课教师也非常注重形成性评价。大学物理翻转课堂的评价内容应该关注学生物理学习的每一个环节:是否认真观看视频、是否完成课前学习单、是否主动提出问题、是否能完成检测题、是否积极参与小组合作等情况都应该成为评价内容。

2.支架式教学策略

支架式教学策略来源于苏联著名心理学家维果斯基的“最近发展区”理论。它是指教师或其他助学者通过和学习者共同完成某项学习任务,为学习者提供某种外部支持,直到最后完全由学生独立完成任务为止。支架式教学策略主要由以下几个步骤组成:搭“脚手架”、进入情境、独立探索、协作学习、效果评价。

在翻转课堂中,教师首先根据学生的知识基础与教学目标制定课前学习单,这个过程相当于支架式教学策略中的搭建“脚手架”环节。然后授课教师录制学生课前使用的微视频,给学生营造一种问题情境,使学生进入学习状态中,是支架式教学策略中的进入情境环节。

紧接着进入独立探索阶段，学生观看完视频后，要完成教师课前学习单中的问题。在自学过程中，学生如果产生了疑问，可以在学习群中和同学一起讨论，解决问题。最后通过自主检测题对学生的学习效果进行检测。

3.协作式教学策略

协作式教学策略是一种适合教师发挥主导作用的教学策略，适合学生自主发现、自主探究。在这个过程中，多个学习者完成了学习任务，每个学习者都发挥自己的认知特点，相互争论、互相帮助、彼此提示或分工。学习者在与同伴交流的过程中逐渐形成对新知识的理解和领悟。

首先，在翻转课堂的教学过程中，授课教师根据学生的学习成绩与性格特点，将学生进行分组，这样学生之间可以取长补短，也有利于锻炼学生的发散性思维；其次，在协作式学习过程中，学习的主题要具有挑战性，问题具有可争论性。在翻转课堂实施的过程中，学生讨论的问题主要是学生在课下自学过程中遇到的不能自主解决的问题，是一些典型的问题，有些也可能是教师指定的稍超前于学生智力发展水平的问题；最后，要重视教师的主导作用，协作学习的设计和学习过程都需要教师的组织和指导，同样在大学物理翻转课堂中，也不要忽视教师的主导作用。在课上和课下，教师都要及时关注每位学生的表现，对学生表现出的积极因素要及时给予反馈和鼓励。当然在学生讨论问题的过程中，如果出现离题或纠缠于枝节问题时，要及时加以正确引导，将其引回主题。

三、教学过程设计

本次实施根据大学物理学科的特点和翻转课堂的特点，在教学内容、教学策略的基础上，注重实践性和操作性，笔者阅读了大量关于翻转课堂教学模式的文献，将文献中的实施方法进行总结，取其精华，去其糟粕，并将所汇总的资料发送给授课教师，再与授课教师进行商讨后，结合实施班级的现状，制定出适合大学物理翻转课堂的一般教学过程。整个过程分为课前、课中两个阶段。

(一)课前准备

要想真正发挥翻转课堂的优势,一定要让学生在课前预习。课前准备工作分三步走,具体如下。

1.教师的任务一

在每次上课之前,授课教师把本次课堂所需要学习的内容以公告的形式发到群里,必须明确提出教学要求。公告内容包括课件、教材页码(使用教材为高等教育出版社马文蔚第五版《物理学》)、自测题、思考题、微视频。

2.教师的任务二

在课前把所有学生提出的问题和习题进行分类、归纳和总结,组织课堂的教学活动,准备课件。在本次实施过程中,笔者以助教的身份进行了以上工作。

3.学生的任务

要求学生学习该部分内容,并提问或出题。提问是针对该内容中不明白、不理解的地方提出问题。出题相对要求比较高,先要理解这一部分内容,只有理解透彻才能出题,才能出好题。每个学生把提问内容按照规定的格式以PPT的形式发送到群文件。要求每个学生每星期至少提出一个问题或出一道题,不能与其他学生雷同,要以时间先后为依据。

翻转课堂不仅应该体现在课堂教学活动中,而且应该延伸至课前和课后,强调学生之间的合作探究。对学有余力的学生,除了提问或出题,还鼓励他们回答其他学生的问题,积极参与讨论。这个切实可行的办法不仅能够解决课时不足的问题,而且能够更好地发挥同伴教学法的优势。

(二)课堂教学

课堂教学是教学活动中最重要的部分。抓住课堂有限的时间,利用学生提出的问题,有针对性地进行教学,从而提高教学质量。

第一,请一名学生复习上一次课中所学的内容,重点是概念和定义,再请另外一名学生简要讲解这次课上将要学习的内容。每次按照学号顺序会有两名学生需要在课堂上做汇报,每位学生汇报时间为6~

8分钟。如果学生超时了,授课教师会根据现实情况进行处理,打断学生的发言,教师进行总结或延长时间。在学生介绍完后,教师及时进行点评,并且就本次课的内容进行概括总结,强调重难点,帮助学生厘清知识体系。

第二,在讲清楚知识点的基础上,让学生做自测试题。虽然有些自测试题看上去似乎很简单,但是能有效地检测学生的错误概念,引发学生之间的讨论。通过自测试题能够检验学生的自学情况,教师可以根据学生的自学情况及时调整课堂内容。

第三,筛选学生提出来的问题,将有价值的问题挑选出来邀请大家一起讨论。这些问题中有一些是部分学生已经能够回答的问题。对这些问题,可以请学生作答,教师补充、概括、总结即可。也有一些是大部分学生没有思考过的问题,对这些问题,可以发动大家一起讨论,寻求答案。在教学过程中,如果有些问题,学生没有发现、没能提出来,而实际上必须注意的问题,或理解可能有困难的问题,教师应该提出来供大家讨论。

第四,剩余时间留给学生做学习辅导,从而巩固本次课中所学的知识。考虑到课堂时间有限,这部分题目教师要通过筛选,挑选一些有针对性的、质量比较高的题目。

教学流程如表6-1所示。

表6-1　教学流程

时间	教师	学生
课前	发布学习资料	—
	—	完成课前学习单中的要求
	—	提出疑问
	整理学生提问	—
课中	—	复习、总结课前学习知识点
	—	完成自测试题
	引导学生讨论	讨论问题

续表

时间	教师	学生
课中	个别指导	完成学习辅导

四、教学评价设计

教学评价是教学工作的重要环节，对教师改进教学、促进学生发展具有重要的意义。实施之前这门课采取传统的“三七”方式来计算学生的学期成绩，将平时的作业和测试作为平时成绩计入成绩册，最后按“物理学期总分=平时成绩（30%）+期末测试（70%）”计算总分。这种评价方式过分关注对学习结果的评价，忽视对学习过程的评价；过分关注对学生知识掌握程度的评价，忽视对学生的学习态度、学习能力等的评价。翻转课堂作为一种新型的教学模式，如果仍以这种传统的评价标准来衡量学生的学习，显然是不合适的。因此，有必要对大学物理翻转课堂的教学评价模式进行设计，使评价更好地为教师改进教学和促进学生发展服务。

笔者和授课教师商讨后认为大学物理翻转课堂的评价内容应该关注学生物理学习的每个环节：是否认真观看视频、是否完成课前学习单、是否主动提出问题、是否能完成检测题、是否积极参与小组合作等情况都应该成为评价的内容；评价维度应该是全面的，学生的学习态度、学习兴趣、知识掌握、能力发展都应该在教学评价中体现。基于以上思考，设计了以下大学物理翻转课堂学习过程评价量表（表6-2）。

表6-2　大学物理翻转课堂学习过程评价量表

学期成绩计算及多元评量方式（多元评价方式用所分配分数的比例标出）								
分配项目	分配比例	学习辅导	提问次数	笔记、部分习题册	微视频	积极参与	主要参考书目	指定阅读
平时成绩	50%	20%	20%	20%	20%	20%	《工科大学物理学》共四册，张三慧主编	1.《力学基础》，漆安慎、杜婵英 2.《电磁学》，赵凯华

续表

学期成绩计算及多元评量方式(多元评价方式用所分配分数的比例标出)								
分配项目	分配比例	学习辅导	提问次数	笔记、部分习题册	微视频	积极参与	主要参考书目	指定阅读
期末成绩	50%						《工科大学物理学》共四册,张三慧主编	1.《力学基础》,漆安慎、杜婵英 2.《电磁学》,赵凯华
其他								

表6-2针对翻转课堂的课前和课中每个环节,包括课前视频学习情况、学习辅导的完成情况、课中参与情况、小组合作情况、质疑情况。这张学习过程评价量表的总分为100分,取各个项目成绩比值相加为最后得分。按“物理学期总分=平时成绩(50%)+期终测试(50%)”计算学生的物理学科学期总分。这种评价方式更加注重过程,学生如果平时不积极参与教学活动,可能期末考试满分也不能及格。这就杜绝了学生考前突击也能及格的现象出现,进一步强调了学习过程的重要性。

以上评价方式为学期期末的评分标准,而平时课上授课教师采用低风险的课前小测验,这种低风险的评价方式是指不对学生的评价结果进行分数、等级的标记和评比,而仅仅作为发现学生学习问题的一种教学评测方式。采用这种小测验的题目量并不多(一般只有3~4个问题),其中不仅是检测学生在课前学习的事实性知识,更重要的是为学生提供一个可以应用知识的平台。在这个过程中,教师不仅能及时地将测验中出现的问题反馈给学生,学生也可以向教师提问解题过程中自身遇到的问题,并通过与教师的有效交流使问题得到解决。所以,在上课前进行低风险的学习评价是一种非常有效的教学策略,在本次实施过程中,教师主要通过学生在学习群中提问的方式来了解学生们学习的效果,教师可以根据这种方式了解学生真正的学习难点。

第三节　大学物理翻转课堂的实施

本节内容以扬州大学土木工程(交通土建)专业01、土木工程(交通土建)专业02和交通工程专业01三个班为例。(下简称土交01,土交02,交通01)

一、翻转课堂实施可行性分析

为了了解学生视频学习条件、计算机操作情况和物理学习现状,给翻转课堂的实施提供参考依据,特此进行问卷调查。本次调查由扬州大学土交01、土交02、交通01三个班81名学生全体参与,发放问卷81份,收回有效问卷81份,问卷有效率100%。

(一)学生上网情况

1.学生是否都拥有上网设备

学生宿舍是否有网络情况:81人中有100%的学生表示宿舍有网络,但其中18人表示不可以长期上网,占20%。

2.学生上网频率

学生上网频率的情况:有70%的学生(57人)每天都能上网,30%的学生(24人)表示没有固定的上网时间。

由此可见,升入大学后学生可自主支配时间变长,具有更自由的空间,上网受到的限制变少。本次调查的学生已具备视频学习的设备条件和网络条件。

(二)学生计算机操作水平情况

翻转课堂中视频的学习与学生的计算机操作水平密切相关。问卷从学生自评计算机操作水平和学生最喜欢上网的事情两个问题出发,试图了解学生的计算机操作水平情况。统计结果如下。

1.你觉得自己的计算机操作水平怎么样

调查显示,18%的学生认为自己的计算机操作水平很好,76%的学生认为自己的计算机操作水平还可以,没有不会操作计算机的学生。这也符合实际情况,在高中多数学校都会开设计算机基础课,并且学生家里也都有计算机，基本的计算机操作水平学生都能达到。

2. 你最喜欢上网做些什么

一部分学生在平时已经有了利用网络学习的意识，有少数学生遇到难题会上网寻求帮助，但是大部分学生平时主要是利用网络玩游戏和休闲娱乐，没有充分利用网络的优势。翻转课堂的实施有助于学生网络学习意识的培养，有利于学生自学能力的发展。

（三）了解学生学习物理的现状

为了了解学生学习物理的现状，问卷从学生喜欢用哪种方式学习物理、是否能接受网络学习、学习物理最大的困难等方面进行考察，统计结果如下。

1. 你喜欢用哪种方式学习物理

对于喜欢用哪种方式学习物理，50%的学生喜欢教师讲，自己听的被动式学习，喜欢小组学习和先自学再上课的学生分别占17%和30%，这说明大多数学生已经适应传统教学的上课方式，这对于翻转课堂的实施是一个很大的挑战。喜欢小组学习和先自学再上课的学生对于适应翻转课堂的教学模式难度不大[1]。

2. 你是否能接受网络学习

有67%的学生能接受网络学习。只有10%学生拒绝，经过询问笔者得知不能接受网络学习的学生大部分是因为对翻转课堂的不了解，认为用网络学习就是要摆脱课堂，笔者对学生的疑问进行解答后他们反映可以考虑网络学习。

3. 你觉得学习物理最大的困难是什么

对于学习物理最大的困难是什么，26%的学生认为是作业遇到难题没人辅导。传统教学一般将拓展练习放在课后，学生做作业时缺乏教师指导和同伴交流，因此感到学习有困难，久而久之将影响学生学习物理的兴趣。翻转课堂将作业放在课堂上完成，对于解决学生学习物理最大的困难应该有很大帮助。

（四）物理课后作业情况

翻转课堂的教学模式和传统教学相反，传统教学模式课下做作业

---

[1] 胡晏崎：《师范院校物理系学生学情调查研究》，上海，上海师范大学，2018。

的时间被用来观看视频。为了实施翻转课堂时不加重学生的学习负担,有必要了解学生平时作业完成的情况。

对于怎样解决物理家庭作业的困难情况,65%的学生选择请教别人,29%的学生试图通过利用网络解决作业困难,说明这部分学生已经具有网络学习的意识,能够较好地适应翻转课堂教学模式。

经调查发现,土交01、土交02、交通01三个班已经具备翻转课堂的基本条件。部分学生已经具有网络学习的意识,表现在利用网络寻找学习资料和利用网络解决作业困难。但是仍有部分学生习惯传统的被动学习状态,这是实施翻转课堂教学的一大挑战。绝大多数学生愿意接受利用网络学习物理,这是实施翻转课堂的有利因素。

二、课前学习平台的选择

经过调查和参考文献,发现在翻转课堂实施过程中对于课前学习平台的选择,有多种方法。例如,有的教师选择了专门的网站,如师徒网、四叶草社区等,也有采用比较常见的社交软件,如QQ、微信等。在本次翻转课堂的实施中,提前征集了学生的意见,授课教师选用了同学经常使用的QQ作为课前学习平台,建立了班级群,教师可以将每次的学习资料上传到群文件中供学生使用,学生也可以在群里相互交流,有什么问题也可以随时上传到群共享中,其他学生也可以帮助解答。

第四节　基于翻转课堂的大学物理教学改革实施效果分析

一、学生的物理成绩分析

(一)对照班与实验班期末成绩的比较

将高考成绩作为前测数据,大学物理上学期期末考试物理成绩作为后测数据,对实验班和对照班的学业成绩进行对比分析。实验班为土交01、土交02、交通01三个班合成一个大班,共81人。对照班是土建01、土建02合成的一个大班，共59人。实验班和对照班均是同一个教师教授课程。

经查询，土交、交通和土建三个专业均是本科一批，高考成绩不存在明显差异，说明两个班级的学生物理学习水平基本相同，如表6–3所示。

表6–3　实验班与对照班后测成绩统计

班级	平均成绩(分)
实验班	66.08
对照班	69.49

其中，实验班有1名学生因有事未参加考试，对照班中有2名学生因有事未参加考试，因此成绩为零，未计入统计数据中。从平均分来分析，实验班期末平均分为66.08分，而对照班为69.49分，对照班的平均分数稍高于实验班。

先建立零假设，认为两个班级无明显差异。通过计算得出$P=0.392>0.05$，$Z=0.857<2.58$，所以对照班和实验班两个班级之间成绩不存在显著性差异，如表6–4所示。这说明在学生成绩方面，传统课堂和翻转课堂差异不明显，虽然对照班的平均分数要高于实验班3分左右，究其原因，可能是以下两个方面：一方面是实施的时间不长，周围存在不稳定的因素影响，实施后的效果不明显，不能充分发挥出翻转课堂的优势；另一方面，授课教师和学生对这种授课的方式还处于适应阶段，需要继续摸索。

表6–4　实验班与对照班后测独*Z*检验

数值	数据
Z	0.857
P	0.392

（二）实验班不同参与程度学生成绩的比较

为了得出翻转课堂的实施效果，对实验班学生的平时成绩和最后的期末成绩进行分析。平时成绩是依据学生学习辅导完成情况、课前提问及回答问题、微视频学习完成情况进行评分的。我们可以根据学生平时成绩的高低来评判学生参与程度的高低,一般学生平时成绩比较高,说明他平时作业完成较好,提问次数较多,较积极地参与课堂学习[1]。

将实验班的平时成绩由高到低排序,分别挑选了前十名和后十名,将这20名学生的期末成绩再次进行比较。结果发现,在后十名学生中只有一名学生的期末成绩达到了60分以上,为70分,其他九名学生的成绩均低于60分,且他们的平均成绩为41分,而在平均成绩较高组只有两名学生的期末成绩低于80分,分别为74分和79分,其他八名学生均高于80分,他们的平均分也达到了83.6分。

综上所述,平时成绩较高的学生期末成绩也较高,而平时成绩较低的学生期末成绩也较低,而平时成绩又与学生在翻转课堂中的参与程度相关。由于平时成绩是依据学生学习辅导完成情况、课前提问及回答问题、微视频学习完成情况进行评分的,因此在翻转课堂中课前自学以及在课堂上参与程度越高的学生,期末成绩也就越高。

二、翻转课堂实施后访谈分析

(一)授课教师访谈实录及分析

为了更深入地了解翻转课堂的实施效果,笔者对此次实施的教师进行了访谈,主要询问了以下几个问题。

问题1:对于授课教师而言,这种教学模式遇到的主要困难有哪些?

授课教师:“主要有两个方面,一是课前微视频的制作,制作高质量的教学视频不仅要求任课教师有一定的信息技术素养,更要求具备深厚的学科素养,并能够根据学生的特点以恰当的形式呈现出来。往往要达到以上要求,我就要花费大量的时间和精力;二是在课堂上,翻转课堂要比传统课堂更加难以控制和管理,在翻转课堂中,要求我们以新的角色融入课堂,从讲台上走下来,成为学生身边的指导者和促进者,从我自身来说,角色转变有些困难,很容易就回到传统课堂。”

---

[1]舒峥:《基于建模的大学物理实验微课的教学实践研究》,上海,华东师范大学,2018。

通过访谈发现,翻转课堂对教师的软件操作能力和课堂控制能力有着很高的要求。在软件操作方面,授课教师在进行翻转课堂之前,要先进行软件方面的培训。另外,还要求教师具有丰富的教学经历,能够处理学生课堂上的突发状况。

问题2:实施一个学期之后,您觉得翻转课堂和传统课堂哪个更适合“大学物理”这门课程?

授课教师:“翻转课堂这种教学模式,是借助于信息技术带来的便利条件,改善班级授课制背景下学生的个性化学习问题、提升课堂效率的有益尝试。目前,它的优势和成效已经在不少学校的教学实践中都有所体现。然而,我们也不能因此而忽视传统课堂的优势。实际上,翻转课堂教学模式不是唯一的教学模式,它并不能解决教学中遇到的所有问题。在我看来,在今后的教学过程中,我们不应该将翻转课堂与传统课堂对立起来,而应该根据教学内容、学生学情、学校条件等情况,决定采用哪种教学模式。”

根据授课教师的阐述,我们发现,在实施的过程中,一定不能将传统教学模式与翻转课堂教学模式对立,而是应该吸取两者的优点,将两者结合起来。

问题3:翻转课堂已经实施了一个学期,您觉得有哪里需要继续改进的地方?

授课教师:“在我看来,我需要继续转变我的授课方式,更加贴近翻转课堂的要求,提高我的信息技术素养,多掌握一些制作微视频的方法。对学生的要求就是希望他们学习的自主性能够提高,能够按时完成教学任务,当然我也认为,对学生自主性的培养,本身也是翻转课堂教学的重要任务。另外,就是学习平台和评价体系两个方面,随着翻转课堂的实施,我越来越注意到学习平台的重要性,一个好的学习平台,不仅能够方便教师查看学生的学习情况,而且能够方便学生自主学习。传统的教学模式评价基本上是单纯地依据纸笔进行测试,而翻转课堂要求更加注重学生的学习过程。本学期的评价方式虽然和传统方式有很大的不同,但是还有待改进,如这种评价不能由教师一个人来完成,学生本人和同伴都需要参与进来。”

本次翻转课堂教学模式仅仅只实施了一个学期,但是这短短的一个学期就暴露出许多问题，这就说明在接下来的实施过程中，在视频制作、教学平台选择、评价体系等方面做出修改来使翻转课堂更加符合我校的现实要求。

（二）学生访谈实录及分析

此次访谈在学期末考试之后进行，因为此时学生对于本门课有了整体全面的认识。在本课程实施班级中选取了6名学生，其中3名男生、3名女生，学习成绩在班内排名前十的2名，成绩处于中游的2名，学业成绩排名较后的2名。对这6名学生进行编码，分别为B1、B2、B3、B4、B5、B6。

问题1：在这门课中你课前是如何进行学习的？你都遇到了什么困难？

学生B1：我主要是自己先预习课本，课本上的知识大概能看懂70%左右，然后有不懂的地方我再来看视频，将视频作为一种补充，还有不懂的问题，我就准备课上问教师了。

学生B3：我和B1的方法差不多，不过我发现课本上的知识比较浅显，虽然看懂了，但是做题的时候还是不会，要是把课本和视频都看一遍又太费时间了。

学生B5：我和他俩不同，我是直接拿着课本看视频的，不然直接看我会跟不上，所以有些不懂的地方我可能看两遍或三遍，做题有不懂的地方还要翻书。这样的结果就是虽然视频半个小时，但是我投入的时间可能就是几个小时了。

学生B6：在课前，老师给我们的资料太多了，我觉得看不过来，老师又将平时成绩与课前学习挂钩，不看又怕平时成绩太低。

通过访谈发现学生们课前的学习方法大同小异，主要问题就是自学难度大，看视频又要看很多遍，投入时间多，学习成绩比较好的学生会一步步去完成，学习成绩差的学生可能课前都不看，导致学生课前学习情况参差不齐，同时课前投入时间较长也会造成学生的学习兴趣下降。

问题2：你对课上学习有什么看法？遇到过什么困难？

学生B2：我发现课前如果不按老师的要求学习的话，根本就追不上老师的课上活动，虽然老师会在开始前让两位学生复习一下这节课的重点知识。

学生B3：我也同意他的说法，刚开始，我感觉这种学习方法比较新奇，兴趣比较浓厚，课前就比较认真，感觉还能跟得上，但是到了后面，学习任务紧，别的课任务也重，根本就投入不了那么多时间，课上跟不上，兴趣也就低了。

学生B6：我觉得课上还有一个问题，就是老师会让我们讨论课前我们提交的问题，在我们小组内每次发言的总是那几个同学，其他人都不怎么发言，看起来讨论得挺激烈的，但是可能是在聊天。还有就是老师会问我们还有什么疑问，但是我感觉大家上大学了积极性都不怎么高，也可能是羞于发言。

学生B4：还有就是课上讲解的时间主要是取决于我们课前的提问，我们提问多，老师讲得就多一点；我们提问少，老师讲得就少了。但是我们的提问包含的知识点并不全面，在今后的实施中老师能不能多补充一点知识点，不要仅仅只讲解学生提出的问题。

我们发现学生课上学习的问题主要表现为以下几点：一是学生在课前没有按时完成教师的要求；二是课上学生学习积极性不高；三是教师的问题，教师要多分析学生的学情，从学情出发，安排课堂内容。效果不能只是分数，还要注意到各种能力的提高。

三、影响翻转课堂实施效果因素分析

综合学生的考试成绩以及问卷和访谈资料，发现翻转课堂教学模式虽然可以使学生的能力有所提高，但是在实施的过程中产生了很多的问题。有许多因素影响翻转课堂的实施，如学生、教师、评价制度等。

（一）客观因素的影响

1.评价体系

教学评价方法对大学物理翻转课堂教学模式的发展有着非常重要的影响。考试是一种为大家所熟知的评价方式。教师用考试所得的成绩来评价学生，学校用班级所得的成绩来评价教师，家长和社会以专业就业率或考研率来评价学校。考试在一定程度上的确是一种非常好的评价方式。既然考试有它自身的价值,并且可以深入地影响学校和教师的教学,那么“考什么?如何考能促进全面推进素质教育?”便是值得教育者深思的问题。此外,只以考试来评价教学是不够的,多元化的教学评价内容可以带来更多的好处。在本次实施过程中已经改变了原有的评价方式,学期末的成绩中包含了学生笔试成绩和过程评价。然而,本次实施评价的方式还存在一定的缺陷,此次评价的主体还是授课教师,评分人也只是授课教师,在今后实施过程中可以让学生也参与到评价中,让学生互相评价。从教师的角度来说,教师对学生的广泛评价,能发挥学生的主体作用,使学生积极全面地提高自己的知识和能力,提高课堂效率。从学校的角度评价,多元化的学校评价可以为教师免除改革教育模式的后顾之忧,使课程改革顺利进行,真正实现学生各方面均衡发展,为家长、社会交上满意的答卷。从学生角度来看,多元化的评价方式更加全面合理,对学生的全面发展起到促进作用。同时,如果让学生参与到评价中,学生的学习积极性也会提高,相互监督,共同进步。

2.课程资源

大学物理翻转课堂教学模式下的课程资源可分为两个部分:校内课程资源和校外课程资源。在高等学校课程资源中,高等学校教材是最基本的组成部分。教材作为学生的第一手资料,具有简单易懂、使用方便、知识丰富等特点。教材注重基础知识的示范,学生在课前自学环节,通过阅读教材很难满足拓宽知识面的需求。在执行过程中,教师辅助教学录像等其他资源,帮助学生学习。同时,学校图书馆、实验室、电子阅览室等各种教学设施,也是学校课程资源的重要组成部分。充分挖掘和利用这些教学资源,有助于学生接受世界各国和地区的文化艺术影响。这些课程资源的开发对学生的影响是深远而长久的,不仅可以帮助学生培养学习兴趣,而且会让学生从教学中受益,激发学生的学习兴趣,无论是对大学物理翻转课堂教学模式还是其他学科的教学都是有帮助的。充分调动学生在课堂中的积极性对课堂效率的提升作用更是毋庸置疑的。

丰富多彩的校外课程资源起到了重要的互补作用。例如,各种网站上的学习资源,如北京大学创办的网络学习平台,学生可以从中观看优秀的教学视频，通过不同教师的讲解加深理解，有什么疑问也可以通过网络来寻求答案。校外课程资源和学校课程资源对学生的影响平分秋色，学校应帮助学生选择和利用这些校外课程资源，并使之成为学生学习和发展的助力。

无论是校内课程资源还是校外课程资源，对大学物理翻转课堂教学模式的实施促进的作用皆不可估量，在今后，学校要尽可能开发这些资源，使其充分发挥效用。同时，教师要帮助学生整合资源，能够选出适合他们、符合他们思维发展的资源。

3.时间分配

翻转课堂分为课前和课中两个部分，课前主要是学生内化新知，课中主要是处理学生的问题。这里就涉及时间分配的问题，通过学生的访谈我们也能看出，学生普遍反映，翻转课堂需要花费更多的时间，教学视频一遍看不懂，通常会看第二遍或第三遍。这样如果学生事先不做好安排，就会出现课前投入大量时间但是收效甚微的现象。因此，在接下来实施的过程中，教师要事先帮助学生做好安排，督促学生按时完成内容。

大学物理翻转课堂教学模式也对教师的备课时间提出了更高的要求。与传统教学模式的备课相比，教师需要花费更多的时间了解与教学内容相关的资料，来应对学生学习视频时可能出现的各种问题，了解学生对旧知识的掌握情况，分析学生可能会遇到的新问题。将学生可能遇到的问题进行明确的划分，确定各个环节中学生要完成的教学目标。

（二）教师的影响

1.教师的责任意识

在翻转课堂教学模式下，教师的工作任务是繁重的，它打破了工作和休息的界限，需要教师投入大量的时间并树立责任意识，全身心投入才能取得良好的教学效果。教师的责任意识对于翻转课堂教学模式的开展也是非常重要的。“十年树木，百年树人。”教学工作的长期性，决定了教师需要有自我牺牲、无私奉献的精神。教师为了成就学生的梦想，需要奉献自己的时间和精力，将学生的利益放在首位，来完成社会赋予的神圣使命。

同时，新的教学模式发展是对教师奉献意识的一种检验。学生的适应要靠教师来调整，教师需要分析教学效果，教师需要解决教学中遇到的问题，这就要求教师投入大量的精力。由于大学物理翻转课堂教学模式注重培养学生的自学能力，其独特的教学环节为教师增加了教学难度。为了使每个环节都有效，教师一方面需要在课前做好充分的准备，收集了大量的数据和制作教学视频；另一方面需要高度关注学生的问题并及时解决，具有课后教学反思、分析和解决问题的能力。这时，教师的责任心和奉献精神就显得尤为重要。这就决定了教师能否认真地改进自己的工作，孜孜不倦地提高教学的质量。

2. 教师的专业素质

教师的教学能力是教育工作高质量、高效率完成的保障。教师提高专业素质的主要途径是学习学科知识和教育科学知识。学科知识的系统研究使教师对教学目标有了准确把握，而教育学、心理学和教学法使教师在实践教学中会采用恰当的教学方法和理论基础，掌握正确的方法才能保证教学工作的顺利进行，起到事半功倍的效果。

同时，教师的科研能力也是提高教学质量的关键。教师的科研除了发现新知识、新观念，还包括教师对教学方法改革的研究。因此，大学物理翻转课堂教学模式的开发与利用，就是对任课教师科研能力的一种考验。在教学实施的过程中，教师要对学生的行为进行观察记录，对教学进行反思，通过行动研究找出实施中需要改进之处，以上都对教师的科研能力提出了一定的要求。

3. 教师的应变能力

在大学物理翻转课堂教学中，教师必须具有良好的应变能力，这是由翻转课堂特殊的教学环节决定的。小组合作学习环节是学生之间的交流讨论，学生之间的思维碰撞很容易产生智慧的火花。教师需要敏锐而迅速地进行识别和判断，并有效地妥善处理这些问题。

（三）学生的影响

1. 学生的学习观

受到传统教育模式的影响，大部分学生心目中的好好学习是指上课认真听教师讲解，下课按时完成作业安排，学生机械地接受教师分配的任务。长此以往，学生独立思考问题的能力和创新意识都会被磨灭。翻转课堂教学模式将新课程改革的精神具体化，以学生的全面发展为目标，将新型的人才培养方式落实到教学活动的各个环节。

然而，在对实际教学情况的观察中发现，教学活动并没有达到良好的教学效果。例如，课前学习时开小差的现象时有发生，并不能按时完成课前的学习任务；部分学生用聊天嬉笑代替了小组合作学习；需要展示学习的结果或讨论过程中生成的问题时，学生常常集体沉默，没有学生主动发言。仔细分析不难发现，出现这些现象的根本原因是学生仍受被动接受式的学习方式影响，不能积极主动地进行思考，不能全身心地投入教学活动中。学生错误的学习观念使教师的教学环节变得复杂、烦琐，无法发挥作用。翻转课堂要想发挥其优势，学生必须主动适应新型的教学模式，适应的前提条件是树立正确的学习观。

2.学生的学习动机与兴趣

学生的学习动机是激发和维持学生进行学习活动的动力，学习动机可以分为内在学习动机和外在学习动机两种。外在学习动机是由外部因素激发的，如父母的奖励、教师的表扬、获得优异的成绩等。内在学习动机是由学生心理因素产生的，如求知欲、胜负欲等，这里我们可以将内在动机归结为学习兴趣，无论是内因还是外因都会在一定程度上影响学生的学习效果。通过对实际教学的观察不难发现，学习动机强的学生与学习动机弱的学生相比，学习成绩和智力发展情况一般要好很多，学生表现情况也会更积极。

若要使学习动机在大学物理翻转课堂中发挥作用，这需要学生和教师的共同努力：学生需从自身出发，在教师的帮助下树立明确的学习目标、端正学习态度；教师则应利用教学活动激发学生的学习动机，恰当地运用表扬和批评，合理地组织学习竞赛。

第七章　案例教学在大学物理教学改革中的应用与实践

第一节　案例教学理论概述

一、案例概述

（一）案例的界定

案例教学中一个最为突出的特征是案例的运用，它是案例教学区别于其他方法的关键所在。案例是案例教学的核心和载体，没有案例，案例教学也就无从谈起。案例就其概念而言，没有一个公认、权威的定义。"案例"一词，英文为"case"，汉语可以译为"个案""个例""实例""事例"，比较公认的是译作"案例"。不同的审视角度，对案例的描述也不尽相同。

托尔（Towl.A.R.）说："一个出色的案例，是教师与学生就某一具体事实相互作用的工具；一个出色的案例，是以实际生活情境中肯定会出现的事实为基础所展开的课堂讨论。它是进行学术探讨的支撑点；它是关于某种复杂情境的记录；它一般是在让学生理解这个情境之前，首先将其分解成若干成分，然后将其整合在一起。"

在谈到工商管理的案例时，格柯（Gragg.C.I.）曾这样分析："案例就是一个商业事务的记录；管理者实际面对的困境，以及做出决策所依赖的事实、认识和偏见等都在其中有所显现。通过向学生展示这些真正的和具体的事例，促使他们对问题进行相当深入的分析和讨论，并考虑最后应采取什么样的行动。"

在谈到师范教育的案例时，理查特（Richert.A.F.）说："教学案例描述的是教学实践。它以丰富的叙述形式，向人们展示了一些包含有教师和学生的典型行为、思想、感情在内的故事。"

郑金洲教授概括："简单地说，一个案例就是一个实际情境的描述,在这个情境中包含有一个或多个疑难问题,同时可能包含解决这些问题的方法。”

中国案例研究会会长余凯成教授认为:“案例就是为了一定的教学目的,围绕选定的问题,以事实做素材,而编写成的某一特定情境的描述。”

顾泠沅先生从案例的作用方面描述:“案例是教学问题解决的源泉;案例是教师专业成长的阶梯;案例是教学理论的故乡。”

综上所述,虽然不同的学者从不同的角度对案例的本质加以界定,但有一点是共同的,即案例所描述的是实际情境。因此,案例就是为了一定的教学目的,围绕选定的一个或几个问题,以事实为素材编写而成的对某一实际情境的客观描述。

(二)案例的特征

1.真实性

案例来自工作、现实生活中,其内容要符合客观实际,表述要有血有肉,引用数据要真实、准确,不能凭借个人的想象力和创造力进行杜撰,要能体现教学目的和教学要求,从社会实际和工作中精心选编。

2.完整性

案例讲述的应该是一个完整的故事,要有一个从开始到结束的完整情节,包括一些戏剧性的冲突,而且要有故事发生的背景描述。

3.经典性

案例不是随手拈来的故事,而是经过精心挑选的具有一定代表性的典型事例,代表着某类事物或现象的本质属性,概括和辐射许多理论知识,包括学生在实践中可能会遇到的问题,从而使学生在掌握有关的原理和方法的同时,学会了如何将这些原理和方法运用于实践。

4.启发性

教学中所选择的案例是为一定的教学目的服务的。案例必须是经过研究后能够引起讨论、分析和反思的事件,不是只具有发生和发展的一般事件。因此,每个案例都应能够引人深思,启迪思路,进而深入理解教学内容。

5.针对性

案例的选材要针对具体教学目标的需要、教育实际、学生的兴趣和接受能力来组织筛选，选编出具有针对性和实用性的教学案例，激发学生进行深入研究，使学生能进一步理解和掌握重难点，从更高层次提高学生发现问题、分析问题和解决问题的能力。

6.知识性

案例内含丰富的知识，作为人类智慧结晶，知识本身就蕴含着丰富的认识方法。个体只有在掌握知识的过程中才能把人类的智慧和认识方法内化为自我的智力与能力。

7.问题性

案例并不单纯是一个文学故事，它里面还有一个个促使学生思考的问题。这些问题没有固定的标准答案，不同的人有不同的解读，能够形成个性化理解。在案例分析和讨论中，每个学生的“成见”在这里相遇，经过交流与辩论，达到解释学所推崇的“视界的融合”，形成思维共振局面，这正是案例教学的精髓所在，也是当代教学论努力追求的境界。

二、案例教学概述

（一）案例教学的界定

如同案例一样，案例教学也没有一个统一的定义，不同的人根据不同的研究领域给出了不同的界定。

哈佛商学院曾将案例教学法界定为：“一种教师与学生直接参与共同对工商管理案例或疑难问题进行讨论的教学方法。这些案例常以书面的形式展示出来，它来源于实际的工商管理情景。学生在自行阅读、研究、讨论的基础上，通过教师的引导进行全班讨论。因此，案例教学法既包括了一种特殊的教学材料，也包括了运用这些材料的特殊技巧。”

舒尔曼（Shulman）及瓦塞尔曼（Wassmermann）指出，案例教学法是一种利用案例作为教学工具的教育方法，也是理论与实务之间的桥梁，即教学者利用案例作为讲课的题材，将案例教材的具体事实与经验作为讨论的依据，由师生互动来探讨案例事件的行为与缘由，发掘潜在性的问题，强调学生的主动积极参与学习过程，教学者仅仅引而不发，扮演向导的角色。

郑金洲教授将案例教学界定为：“从广义上讲，案例教学法可以界定为通过一个具体情境的描述，引导学生对这些特殊情境进行讨论的一种教学方法。在一定意义上，它是与讲授法相对立的。”

华东师范大学孙军业教授认为：“案例教学是教育者根据一定的教育目的，以案例为基本教学材料，将学习者引入教学实践情境中，通过师生之间、生生之间的多向互动、平等对话和积极研讨等方式，从而提高学习者面对复杂教育情境的决策能力和行动能力的一系列教学方式的总和，它不仅强调教师的教，更强调学生的学，要求教师和学生的角色都要有相当大程度的转变。”[1]

靳玉乐将案例教学界定为：“在教师的指导下，根据教学目的的要求，组织学生通过对案例的调查、阅读、思考、分析、讨论和交流等活动，教给他们分析问题和解决问题的方法或道理，进而提高他们分析问题和解决问题的能力，加深他们对基本原理和概念的理解的一种特定的教学方法。”

结合以上对案例教学的界定，笔者提出了大学物理教学中案例教学的内涵：“案例教学是指在教师的精心策划和指导下，基于因材施教的教学理念，根据教学目的和要求，并以大学物理知识结构（概念、原理、理论、应用）为主线，组织学生通过对具有代表性的物理概念的提出、理论的求证、原理的解释、应用领域的物理学案例的收集、调查、阅读、分析、思考、讨论和交流等活动，引导学生进行自主探究，加深他们对物理学基本原理和概念的理解等的一种特定的教学方法，进而提高他们分析问题和解决问题的能力。”

（二）案例教学的本质特征

1.学生主体地位凸显，教师适当引导监管

案例教学法的一个基本宗旨是要充分发挥学习者的自主性。学生要先独立思考和分析案例，准备好自己的看法和方案，然后参与讨论，最后形成案例分析报告。在讨论过程中教师扮演引导者、指导者

[1] 王幸丹：《基于知识建构理论的教学模式设计与实践研究》，上海，华东师范大学，2018。

的角色，让学生形成自觉思考、自觉学习的习惯，最终使学生成为活跃在课堂中的真正主体。案例教学把以教师为中心的传统教学方式转变为以学生为中心的方式，学生的学习方式从被动接受知识转变为主动探索，它让学生置身于一个“当事人”的环境中思考问题，训练学生分析和解决实际问题的能力。

2.信息传递由“点对面”转变为“点对点”“面对面”的多向互动

传统的教学方法主要是单向的独白，属于“灌输式”的教学方法，一位教师面对众多学生，师生之间的互动是“师—生”的“点对面”单方、静向课堂交互形式，交流比较有限。案例教学以课堂讨论为主，师生之间彼此充分交流，形成“师—生”“生—生”“教师—学生群体”“学生个体—学生群体”多向交流的立体、动向的课堂交互模式。通过多方位的互动交流，集思广益，相互促进，形成较为完善的解决方案，这种教学方法有利于学习者能力的提高。

3.凸显过程的开放性、信息的对称性、思维的多元性与创新性

教师、学生作为能动个体，对同一案例会根据自己的知识结构和生活经验，从不同的角度进行分析、思考、讨论，在讨论中，学生当堂发表自己的看法，每人都有机会发言，相互不保留、不隐藏、信息保持对称。这种多元化的视野有利于对案例进行全面、深入的认识，从而打破一个问题、一个答案的思维定式，反对教条和标准答案，注重批判反思，让学生学会追求新奇、多样的结论。此外，还给学生提供充足的创新思维空间，可以有效地培养学生的创造力和科学素养，整个教学过程中充分体现开放性、多元性、互动性和创新性。

4.轻结果，重过程，突出较强的实践性

案例教学不是建立在已经被验证的知识或信息基础上的，而是以客观发生的、已存在的事实为出发点，它的目标不是让学生去接受某个不容置疑的、唯一的正确答案，而在于探讨复杂问题发展的多种可能性，通过自己的分析、思考，得出自己的判断，做出自己的决策，实现从理论到实践的转化。因此，案例教学的重点在于过程，而不是结果。

5.师生平等对话，体现研究性学习

案例教学强调师生的共同参与，教师不再是课堂教学的主体，不再以知识权威的身份出现在课堂。与学生一样，教师也是问题的探索

者,师生共同探讨问题、共同参与、相互启发、相互辅助,从而实现了师生双方的平等对话。

(三)案例教学与其他教学方法的比较

1.案例教学和举例教学法的比较

案例教学和举例教学法都要通过一定的事例来说明一定的道理,都是为一定的教学目的服务的。案例教学中的例子涵盖面更为广泛、更为精致。案例教学具有使学员变被动接受为主动学习、变注重知识为注重能力的特点,体现了教学相长、共同提高的一种互动式教学模式,符合人在社会化进程中不断发挥主体性的客观规律,这也是案例教学法被认为是代表未来教育方向的成功教育模式的原因所在。举例教学法的目的在于配合对学科内容的教学,通过举例使较难理解的理论通俗易懂,教师在整个教学活动中处于主要地位,举例是教师单方的教学行为,而所举的事例在教学活动中则居于次要地位,且该事例的涵盖面一般较狭隘。

2.案例教学和传统讲授法的比较

相对于传统的理论讲授教学法,案例教学突出的特点是:

第一,授课方式上,不再是教师唱独角戏,而是以教师为主导、以学生为主体的课堂,教师和学生共同参与对实际案例的讨论和分析,自由发言,强调师生互动性。

第二,在教学内容上,不拘泥于教材本身强调的知识内容,而是以大量鲜活的案例构成学生最需要掌握的知识点和关键点。

第三,在教学过程中,案例教学不仅是学生掌握知识的过程,更是学生自主学习、获得经验的过程。

第四,在教师和学生教学活动中,传统的教学方法,主要是由教师对所授知识进行讲解和说明,一般采取原理加例证方式。教师处于主要地位,是教师对学生单向灌输知识的沟通,而学生的角色主要是被动的听讲者和知识的接受者,学生在整个教学活动中基本处于被动地位,这种教学方法是传统的“填鸭式”方法;而在案例教学中,教师所扮演的角色是引导者和组织者,学生则是一个积极的参与者,激发了学生各方面的学习潜能和学习热情。

从教学效果来看，在传统讲授教学中，虽然能够传授比较系统的知识，但在能力培养方面效果明显不足；而在案例教学中，它虽然能有效培养学生运用知识分析问题、解决问题的能力，但在传授系统知识方面效率较低。

3.案例教学与问题式学习（PBL）的比较

案例教学是根据教学目的和培养目标的要求，让教师在教学过程中，以案例为基本素材，把学生带入特定的事件情境中分析问题和解决问题，培养学生运用理论知识并形成技能技巧的一种教学方法。问题式学习是指把学习设置于复杂的、有意义的问题情境中，通过让学生以小组合作的形式共同解决复杂的、实际的或真实性问题，来学习隐含于问题背后的科学知识，形成解决问题的能力，并发展自主学习和终身学习的能力。两者均出自哈佛大学，都是哈佛大学的品牌，前者在教学中的应用首推哈佛大学法学院，而后者在教学中的应用首推哈佛大学医学院。这两种教学方法有若干共同的特征，即二者运用均基于事实和问题作为材料，在问题式学习中，这些材料作为问题来描述，而在案例教学中材料则作为案例来描述。这两种教学方法均注重强调培养分析技能、问题的框定技能和问题的解决技能。然而，这两种教学方法之间也存在许多差别，尤其是在有关目标、内容、方式、过程及学生评价方面，问题式学习除强调分析问题和解决问题的技能外，还强调一些另外目标：终身学习技能、组织管理技能、方案管理技能及与问题相关的知识。

三、案例教学实施中应注意的几个方面

（一）案例的选择必须典型并具有普遍意义

案例不典型就不具有代表性，就不能说明基本问题。案例教学并不是抛弃知识和原理，而是训练对知识和原理的创造性理解和应用。当学生面对某一问题时，要进行细致的分析，发现问题产生的原因，并揭示问题的实质，进而寻求解决问题的方案，最终给出方案说明，这就要求所选案例是可以用所学知识原理进行分析和解决，而且分析和解决问题所应用的知识应具有全面性、系统性和综合性，这样的案例才可以训练学生的探索能力和创新能力。另外，所选案例要具有普遍意

义，能起到举一反三、触类旁通的作用。案例教学实施过程比较费时，要使学生在有限的时间里获得最大的收益，就必须选择典型、具有普遍意义的案例。

（二）教师要清楚在案例教学中承担的责任

教师是案例教学的组织者和引导者，案例教学对教师的素质提出了更高的要求，如教师要具备良好的口头表达能力、激发学生参与讨论的能力、引导学生在案例分析的基础上提升理论的能力等。教师要不断加强案例教学理念、合作学习理念、研究性学习理念等的学习。教师在案例教学前除了要精心选择案例，还要熟知案例陈述的背景、事实、观点，以及案例所蕴含的原理，据此制订课堂教学计划。另外，在案例教学过程中，教师要尽量创设一种融洽的、畅所欲言的学习环境，引导学生进行批判性反思，对学生讨论中不完整、不准确的地方及时给予补充和更正。在案例教学结束后，还要总结、评价，以便为下次教学提供参考。

（三）学生要明确在案例教学中担任的角色

在案例教学中，学生不再是知识的被动接受者，而应主动参与到案例教学的每个环节中，通过“实践—认识—反思”这样一个循环往复的过程，真正成为一个会学、乐学、善学的主体。案例教学要求学生要勤于思考，善于分析，积极参与。要做一个善辩者，有理有据地陈述自己的观点；要做一个协作者，强化互助合作意识；要学会成为一个好的听众，认真听取、评析其他人的观点。美国哈佛大学的梅赛斯博士认为，教师在评估学习者的表现时，不仅依据学习者分析案例的质量和他们的思想深刻程度，而且依据他们对其他学习者的影响程度之大小。

第二节　大学物理教改实施案例教学的关键因素

弄清楚案例及案例教学法的含义、特征，在实施中应注意的地方及深厚的理论基础，是搞好案例教学的前提和基础。但是要真正把案例教学法的运用落到实处，还必须结合学科本身的知识结构体系、教学目标与特点等，不能盲目使用，案例的选取一定要有针对性，切不可脱离实际。下面笔者就结合大学物理学科自身的一些特点、规律，来阐述案例教学在大学物理教学中应用的必要性，以及实施过程中所要满足的条件。

一、实施案例教学的必要性

（一）传统教学方式的弊端

当前我国高等学校教育领域，知识的传授与掌握仍然占据着学校教育目标的很大部分，并牢固地支配着教育工作的方方面面。在这种大背景下，物理学科的教学在很大程度上更多地沿袭了以往知识传授的方法，在教学方式上主要以教师讲授和学生听记为主，没有过多关注学生的个体思维能力、协作精神与创新意识的培养。这种以接受教师传授知识为主的传统教学方式过分追求将教师讲的知识完整而系统地接受，忽视探索；只重理论，忽视实践；形成了教师对学生的绝对权威性、学生对教师的过分依赖性和盲目崇拜性，导致学生潜在的独立性、创造性得不到尊重和发展，学生很少有批判和大胆质疑的精神。另外，传统教学由于教育时间的有限性与教学内容的局限性，使学生的学习仅限于课堂及课后完成作业，学习的内容局限于教科书与教师讲授的内容上，而学生对教学内容没有选择的余地，学生对课外各种有益的教学资源的利用十分有限。这种陈旧的教学体制阻碍了教学改革的步伐，致使大学物理教学出现了许多弊端。

（二）教学目标的统一

在我国，教育的理念已由应试教育向素质教育转变，我国高等教育已经基本实现了大众化。因此，在大学物理教学目标中更加应该强调培养学生的学习能力和发展学生的智力，使物理教学目标的重点由单纯的掌握知识转移到以掌握知识为基础的智能培养上，充分发挥物理教学在培养学生科学素质中无与伦比的重要作用，特别强调创新能力的培育，创新是一个民族发展的不竭动力，是立足世界的根本。

前文我们谈了大学物理课程的教学目标，接着我们再谈谈案例教学的目标。案例教学的目标和要求可以概括为“四个统一”，就是教学和训育的统一、问题解决学习与系统学习的统一、掌握知识和培养能力的统一、主体与客体的统一。

1.教学和训育的统一

训育是指思想道德素质教育,也就是要坚持教学的教育性。在教学中,一方面要传授知识、技能;另一方面要进行思想教育、政治教育、道德教育,教学就是要将这两个方面结合、统一起来。

2.问题解决学习与系统学习的统一

案例教学就是要打破传统教学中学科体系的次序,用课题形式代替传统的系统形式,从课题出发进行教学。这种教学一方面要求针对学生存在或提出的问题组织教学,从一个个课题出发进行教学;另一方面每个课题既是发现的突破口,又对学生具有吸引力,把学生从一个发现引导到另一个发现上。这样的课题不是随意选择的,而是有系统的,是学科系统中的一个有机组成部分,学生通过课题最后学得系统的知识结构。因此,课题既是反映着该学科整体相互关系,也是反映着事物的整体的课题。每个课题都是一个局部的整体,各课题之间保持着有机的联系,这样才能保证让学生掌握学科整体的系统。这种教学从片段出发,但学生学习的知识却不是零碎的、孤立的。

3.掌握知识和培养能力的统一

案例教学的知识与能力的关系问题,要求既要以知识技能武装学生,又要培养学生的各种能力,把传授知识与学习方法、科学方法、思想方法、发展智力、培养能力结合起来,统一在同一个教学过程中,使学生不仅获得知识,还获得支配知识的力量。

4.主体与客体的统一

案例教学认为教学主体是受教育者,即学生;客体是指教学对象,这里表示教学材料。教学就是教师引导学生掌握教材。怎样才能做到这种统一呢?它们的统一就是要求教师既要了解和熟悉教材,又要了解和熟悉学生的智力水平和个性,在教学中要把两个主要的教学因素结合起来考虑,这样教师才能将学生的积极性调动起来,使他们兴趣盎然地投入学习活动中。

综上所述,案例教学的"四个统一"目标就是大学物理教学应该遵循的目标,或者说案例教学的目标是导向,而大学物理教学目标是这一导向下的结果。因此,这就又为我们在大学物理教学中实施案例教学提供了有力的证据。

(三)教学原则互为补充

大学物理教学具有以下六种原则,它们互为补充。

1. 科学性与思想性相结合的原则

科学性与思想性相结合的原则的核心是,在保证物理教学内容、观点、方法的正确下,始终贯彻思想教育的内容。

2. 知识的掌握和能力的培育相结合的原则

知识的掌握和能力的培育相结合的原则说明继承科学遗产和发展科学技术之间的关系,继承是为了发展,而发展的条件是智能。

3. 理论联系实际的原则

理论是指物理理论,实际包括生产实际、生活实际、学生的思想实际和学生的业务实际等。物理理论来源于实践,反过来又指导实践,这是贯彻该原则的出发点。

4. 创设问题情境的原则

在具体的案例教学中,教师要善于将这种纸上的问题情境转化为现实课堂中的问题情境,以生动实例的形式向学生提供若干特定的情境,引导学生运用所学的理论知识,去分析解决模拟环境中的实际问题。例如,在光的本性一节,可以从以牛顿为代表的微粒说和以惠更斯为代表的波动说之间的争论引入;在波尔理论的教学、电磁感应的教学中,可以将科学家遇到的问题展示给学生,并引导学生进行科学探究,让学生沿着科学家探索的足迹,自己得出结论而得到满足感,从而激发其学习兴趣。

5. 激发共同参与的原则

高度的参与性是案例教学的一个重要特点。只有学生积极主动参与,才能确保案例教学的成功,学生参与程度的高低是案例教学成功与否的重要标志[1]。

6. 拓展探索空间的原则

案例教学强调通过学生自己的分析、思考,得出解决问题的最佳途径,以此培养学生解决实际问题的能力。来自教学实践的案例,与学生已有的经历和经验具有很大的相似性,很容易激发学生探究的欲

---

[1] 张艺馨:《专业学位“物理案例教学”的研究及实践应用初探》,上海,上海师范大学,2018。

望,有助于学生将一些难以理解的理论知识化为解决实际问题的能力。例如,通过介绍历史上多次发生的鸟与飞机相撞事件,引导学生进行思考:小鸟与飞机相撞后为什么能够导致飞机严重受损甚至机毁人亡这么严重的事故呢?鸟为什么会有如此大的威力?通过提问启发思考,让学生根据所学的动量原理,建立碰撞模型,用数据说明问题,对碰撞过程中飞机受到的冲力进行定量估算,使学生对物体产生机械效果的条件有具体的了解,加深了对动量、冲量、动量定理的实际理解。这样可以启发学生思考的积极性,让枯燥的理论教学变成理论教学与案例教学相结合的教学方式,既能提高学生学习物理的兴趣,又有利于培养和提高他们分析和解决实际问题的能力。

二、实施案例教学的关键因素

(一)教师

在案例教学法中,虽然课堂讨论是最主要的教学形式,但这并不是说不需要教师的讲授,只是教师讲授的方式和作用有了很大的变化。教师是确保一个学校教学高质量的关键因素,是课堂教学的主体。尤其像"大学物理"这样的课程,教师的作用更是不容忽视的,教师对课堂教学效果的影响是至关重要的。一个合格的教师至少应具备以下五个方面的素质和能力:①对该课程本身知识的深刻理解要专业;②对该课程相关知识的广泛了解要渊博;③具有大量材料的合理筛选与组织能力;④良好的语言表达能力;⑤敬业精神、稳定的心态及控制情绪的能力。

教师的道德、品质和人格,对学生的影响是很大的。教师的一个动作、一句话,甚至是一个微笑、一个惊讶都会影响学生,这些影响既可能是积极的,也可能是负面的。任何学科知识的传授过程都必然同时传递着来自教师的引导,从而激发学生对科学的追求,对科学价值的正确理解。因此,在大学物理教学中就必须要求教师具有对学生全面负责的高度责任感和敬业精神,以及扎实的学术水平和良好的科学修养。因为只有很透彻地掌握物理知识并清楚了解物理知识在人类生活与知识中的定位,才能真正将大学物理的教学思想渗透到大学物理教学中。

另外，从案例教学的角度来讲，案例教学的精髓是探求的过程，在这个过程中，教师不仅是参与者、主持者，更是整个过程的组织者。教师的观念也应有所转变，教师应树立正确的学生观，要有平等的观念。绝不能再以权威自居，而应转变角色，增强对话、沟通意识。要能够听取学生的不同意见，尊重学生的见解。即使在研讨过程中发现了问题和不足，也应在启发学生的基础上让学生自己通过讨论加以解决。

（二）学生

学生是案例教学的主体，在案例教学中处于核心地位，案例教学主要通过对案例的分析与讨论将理论联系实际，培养学生解决问题的能力，要有效地参与案例的分析讨论，形成较高层次的能力。

成功的案例教学中，学生要从被动角色转变成为一名主动参与者。课前仔细阅读教师指定的案例材料，进行分析与思考，并与其他学生就相关案例进行非正式的讨论，据此对所学知识有大体的了解，做好充足的准备，进而在课堂上积极发言，阐述自己的思考过程和结论，并与他人展开辩论，为其他学生的积极参与做出相应的贡献。

此外，大学生的心理和生理发展正处于迅速走向成熟的阶段。他们精力充沛、朝气蓬勃，具有勇往直前的气魄。在正确的方式方法指引下，可以提升自己各方面的能力，克服一切困难和不利条件。虽然他们情绪强烈，但是比青年初期善于控制；他们情绪丰富，热情高涨，对案例的讨论有很好的辅助作用。再者，他们的抽象思维高度发展，辩证思维日益提高，发散性思维发展迅速，加之想象丰富，所以善于独立思考，思维活跃，求知欲强且好争辩，迫切希望能有新的发展创造与成就，对案例教学的有效实施有很好的促进作用。

大学生有着强烈的好奇心和求知欲，他们善于思索、勇于创新的性格特点，自信心和好胜心等，都有利于案例教学的开展。

（三）物理学科的知识结构

案例教学要最大限度地发挥它的优越性，除了对教师和学生的要求，我们还应该考虑学科本身的知识结构。大学物理的知识结构大体分为四个部分：基本概念、基本原理、基本理论和应用。从课程内容来说，大部分属于经典物理学的范畴，包括力学、热学、电磁学、光学等。

物理学科的知识结构体系和内容特点对案例教学的使用有着特殊的需求,我们不能有“拿来主义”的思想,而应在分析学科自身结构及内容的基础上有效应用案例教学,因为有些大学物理的知识是不需要用案例教学的,如一些数值计算题,需要学生一步步地推导、计算。

任何一个理论体系的建立都必须以学科实践为基础,大量的例证是理论得以确立的前提。同样,在学习理论时我们需要借助已有的知识经验和实践的验证。然而,就每个学习者而言,其亲身实践的时间、空间和范围都是非常有限的,因此借鉴别人的实践经验是非常重要的,案例教学恰恰为此提供了一个快速而有效的通道。

第三节　大学物理改革实施案例教学的流程

目前,无论是国内还是国外,案例教学在管理类和医学类中的应用已经相当普遍,现在又成为各高等学校、职校、中小学及师资培训中一个十分重要的环节。如何合理有效地组织实施案例教学没有一个固定的模式,案例教学是一项系统工程,在案例教学实施的过程中,不同的教师针对不同的学科,可以从不同的角度出发,并根据自己的教学需要,自己拟定出案例教学实施的一般过程。

一、教学设计阶段

在案例教学中,教学设计占据着突出地位,因为在各类学科教学中,案例教学几乎无现成、固定的教科书或教学参考书,不仅是教学材料需要任课教师准备,而且教学目标等需要教师具体确定、落实。从一定意义上来说,案例教学情形中,教师对教学设计有着更大的自主空间和更多的发言权,同时案例教学需要教师更多地参与到案例的教学设计中。

(一)确定教学目标

确定教学目标是案例教学设计的第一步,只有在教学目标明确的前提下,教师教学材料的收集和组织、教学行为的选择、教学组织形式的设计等活动才能有方向、有秩序地进行下去。巴赫(Barach.J.A.)曾指出,在案例教学中,一般要达到七个行为目标和三个过程目标。

1.七个行为目标

行为目标1:学生要能针对某一情境做出具体的决定,并能将其应用到有关的实际情境中。

行为目标2:学生的思维能力要具有严密的逻辑性、清晰性和连贯一致性。

行为目标3:学生要能对问题情境做出有说服力的分析。

行为目标4:学生要能识别并确定哪些与案例紧密相关的基本要素和问题。

行为目标5:学生要能体现出运用定性与定量分析的愿望和能力。

行为目标6:学生要有超越具体的问题情境,要具有更为广阔的视野和多种多样的能力。

行为目标7:学生要能利用可能的资料对问题情境做出具体、深入的分析,并且能够制订出相对具体、完备的行动计划。

2.三个过程目标

过程目标1:学生必须要能参与到案例教学的过程中。

过程目标2:学生必须要切实做好课前准备,并且将自己作为教学过程的一个有机组成部分。

过程目标3:学生在教学中必须能够口头表达出自己的思想与观点。

在这里,行为目标的具象是结果目标,它是指向学生最终的行为变化;而过程目标是在教学过程中体现出来的,在一定程度上,它也是对学生参与案例教学提出的要求。在实际的教学中,我们可以依据巴赫的这七个行为目标进行教学,当然还要结合物理学科的总教学目标和每节课所要达到的教学目标。

(二)选择合适的案例

实施案例教学的关键之一是对案例的选择。选择案例时,应注意以下几个方面。

第一,要根据教学目标选择案例。

第二,要根据学生的实际情况选择案例。要根据学生的素质情况及所学的专业来选择难易程度恰当的案例,力争让每个学生都参与进来,让每个案例都对学生有所收获。由于大学物理是针对理工科学生所开设的基础课程,考虑到学生专业的差异性,因此在引入案例的时候要根据不同的专业选取不同的案例。例如,对于计算机专业的学生,可以结合电磁学、光学的知识,分析光盘和磁盘的读写原理及鼠标定位的工作原理;对于材料专业的学生,可以选取X射线进行结构分析的原理案例;对于电气院的学生,可以列举电磁炉等电器的工作原理,来学习电磁感应、涡电流等知识[1]。

第三,所选案例应该具有问题性,要能提供学生思考和解决问题的多种路径和空间。现实的教育现象及问题丰富多彩、变化莫测,所选的案例也应该体现这种复杂性和变化性。所有案例都不在于只形成正确的答案或行为,所有的案例都说明环境的模糊与复杂,所有的案例都要求人们不要对教育环境做简单化的理解和处理,越能引起广泛争议的案例就越接近高度复杂的教学实际情境,越能发展学生的分析、判断、推理和决策能力。案例教学的着眼点在于学生创作能力以及实际解决问题能力的发展,而不仅仅是获得那些固定的物理原理、物理现象。

特别强调一点,不是所有的知识点都要进行案例教学,要根据知识本身的需要来确定是否选择案例教学,案例教学不是万能的钥匙,但它却是开启学生思维的特效药。

二、案例教学课前准备阶段

案例设计之后,就要进行案例教学前的准备工作,案例教学的成功与否与准备是否充分关系甚密,不仅要赋予充足的准备时间,而且要真正地调动起学生的学习兴趣与思维潜能。所以,从教学的角度以及案例教学本身的特征出发,主要涉及教师的准备、学生的准备和其他准备三个方面。

(一)教师的准备

开展案例教学绝非易事。设计案例、选择案例、引导案例讨论、推

[1] 刘禹轩:《案例教学法在物理教学中的应用探究》,哈尔滨,哈尔滨师范大学,2021。

动学生的案例学习等,都对教师提出了一系列的要求。对于教师来说,准备案例教学意味着需要完成以下任务。

第一,教师在学期开课前制订学期案例教学总体计划。考虑所教课程教学目标的实现与教学内容的安排确定具体教学案例总个数,并根据教学进度确定每个案例实施的时间。

第二,联系教学内容,精心准备和研究案例,注意案例的针对性、真实性、典型性、时效性和完整性,充分调动学生的学习积极性和讨论热情。

第三,在案例开课的前两周或更早的时间向学生发放案例材料与讨论提纲,确保学生有充分的时间阅读案例,查阅相关资料,进行思考与交流,必要时可针对案例开展社会调查。

第四,了解学生的案例阅读情况,对学生在前期准备中遇到的困难和问题提供必要的支持和帮助。如果是案例本身的问题,应及时予以补充、修正和完善,确保案例讨论如期有效进行。

第五,根据案例教学的实施要求、学生人数、现有的教学条件及案例的难易程度具体设计案例讨论的组织步骤,考虑案例讨论过程中可能出现的问题制定应对策略。

(二)学生的准备

案例教学对学生提出了更高的要求,需要学生的支持和配合。对学生来说,先要具备案例讨论所必需的理论知识,并按照教师的要求熟悉案例材料,围绕讨论大纲与案例中的疑难问题进行思考与交流,自由探索,大胆质疑。认真查阅资料,积极开展社会调查,主动思考、获取知识,从中体验到自主探究学习的乐趣。

另外,学生在能力结构方面也要有所准备,如应从各方面培养自己的认识能力、团队精神、信息素养等。一般来讲,大学生都具备了抽象思维能力,具有较高的概括性、独立性与创造性能力,能够自觉地从本质上全面分析问题并解决问题,他们的思维结构适合进行案例教学,但是仍然要注意个体能力差异,要全方位锻炼自己的能力。

(三)其他准备

除了教师和学生的准备,还有其他与案例教学密切相关的因素。

具体如下：班级规模的大小、学生组成成分的复杂度和教学参与者个人经验的丰富性程度。另外，物理环境的安排，如教室课桌椅的布置、多媒体教室的布置、教师辅助设施的布置、现代技术信息装备等要做适当的调整，特别是教室的布局，需要加以适当的改变。这便于教师和学生在教室内自由地走动；便于师生之间更加通畅地进行交流，拉近彼此之间的距离；便于开展角色扮演和小组讨论。要重视合作教学和团队教学。如果不是独自一人承担课堂教学的责任，而是你与其他同事或小组共同担任教学的时候，就需要做认真的准备和协调工作。

三、案例教学实施阶段

教师进行案例教学不是“例子+理论”的简单描述和说明，而是启发和引导学生，对案例涉及的“命题”进行思考、辩论和推理的过程。

（一）案例引入

课堂开始的案例引入相当于运动员赛前的热身运动。案例引入的方式有很多种，可以通过文本、音频、视频及多媒体的形式引入，也可以通过教师叙述、学生讲述、角色扮演的方式等引入。无论哪种方式引入，其共同目的主要在于集中学生的注意力、引起学生对案例内容的关注和兴趣、了解这个案例讨论的难度、案例在整门课程中所占的位置、需要达到的教学目标以及接下来的活动计划、活动要求、时间安排等。

（二）创设问题情境

案例教学的实质是一种“以问题为中心的研究型学习”，案例中既包含了多个问题，也包含了问题的多个解决方案。案例教学的课堂就像是随着一连串问题不断深入的“头脑风暴”课堂，我们可以用图 7–1 显现这一过程展开的方式。

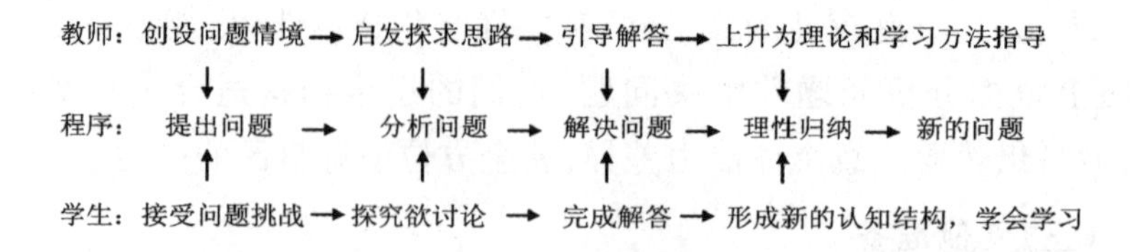

图7–1 案例教学问题情境展开

在每个案例呈现给学生之前，教师最好先将本次课堂上要展开讨论的问题提供给学生，让学生围绕这些问题边看案例边进行思考。案例教学能否成功进行，问题的创设是关键。

(三)案例呈现

案例实施中的这个阶段是由教师来完成的，案例呈现的时间和方式可能因为教学目标、案例内容、案例形式的不同而有所差别。教师可以根据案例的篇幅长短、难易程度决定呈现案例的时间放在课前、课中还是课后。若案例较长或涉及的内容较多，难以理解，可在课前呈现给学生，这样学生有更多的时间熟悉案例，为讨论做准备，节约了课堂教学时间。反之，案例简单、容易理解，可在课上呈现，以此吸引学生的注意力、激发学习动机。另外，有些案例需要以多媒体课件的形式呈现，如教师在讲多普勒效应的时候，光凭教师讲授很难让学生理解，这时可以给学生播放动画课件，从而从视觉与感官上加深学生的理解。当案例教学发展到更深层次的时候，便需要一些经过提炼、整理过的文字形式的案例。不管使用何种方式，其目的都是吸引学生的注意力，抓住学生的兴奋点，激发学生的求知欲。最重要的是教师应尽可能地渲染出案例所描述和展示的氛围，让学生能够尽快地进入案例的情境中，从而充分感知案例，为后面的进一步分析与探究做好充分的准备。

(四)案例分析

案例分析的类型主要有以下四种。

1.综合分析

指出关键问题，同时用定量定性分析来支撑结论。

2.专题分析

集中于案例的某个方面或某一问题、某一备选方案做深入的分析。

3.引导性分析

事先预计讨论中会遇到什么样的问题，做好准备，适时提出这些问题，把讨论引向深入。

4.结合分析

用案例之外的统计资料、数据、事实、个人经历来证明自己的观点，丰富主体分析的内容与方式。

案例分析作为一项重要的教学任务渗透于大学物理案例教学的各个阶段。例如，课堂准备阶段教师与学生必须对案例进行分析，课堂讨论也是对案例的进一步分析，课后的评价与总结同样离不开对案例、学生表现、问题解决方案的分析。案例分析应抓住问题的关键，避免过分拘泥于细节。另外，学生还应根据自己的认知观点写出案例分析报告，对以前的分析和讨论做一个总结，用以加深理解。分析报告不是讨论记录，也不是自问自答式的思想总结。一般在报告中应先提出自己的观点或备选方案，再围绕结论展开分析，并用大量的数据和事实支持自己的观点。

（五）案例讨论

案例讨论是案例教学实施过程中的核心环节，也是师生互动性学习最完整、最强烈的体现。教师在组织学生认真讨论案例等方面起到主导作用，学生通过案例讨论展示自己的才能。案例讨论应从以下三个方面进行。

第一，教师要确定讨论的组织形式，明确讨论的任务和学生角色。讨论可以采取个人发言、小组讨论及集体辩论等方式。如果班级人数较多，一般先采取小组讨论的形式进行，即学生通过准备阶段的阅读、研究、分析获得自己关于案例问题及讨论问题的见解后，便可进入小组讨论阶段；每个小组选出一名组长和秘书，组长负责组织本组讨论，秘书负责记录工作，讨论中要求小组中每个成员都要说出自己所做的分析及对问题的看法，供大家讨论、补充和共享，讨论结束后选出一名代表负责发言，阐述本组就案例问题所达成的共识以及尚存在争议的问题，并在教师的组织下进入班级讨论和交流阶段。

第二，教师要密切关注学生讨论的进展和动向，使案例讨论紧扣主题深入展开。鼓励学生广开思路，积极发言，使案例讨论分析能得以有序进行。例如，在案例的设计上可采取对比分析的方法，让学生从不同的角度分析问题，或以竞争对手的身份来参与案例讨论，形成争论，拓宽思路，从相互之间的交流讨论中提高对问题的洞察力。

第三，教师要针对学生在讨论中的不同表现，采取不同的方式予以引导，既不能放任自流，也不能控制过严。对于部分学生在讨论中不爱发言或很少发言的现象，教师要予以启发，拓宽他们的思路，逐步消除他们的自卑感，增强自信心，从而使他们踊跃地参与讨论；对学生在认识上的错误观点，教师也不能简单地予以否定，以免造成学生心理紧张，有碍讨论的顺利进行，要引导学生正确分析问题的实质，形成合理的思维结构和框架；对于讨论中表现出色的学生应及时给予肯定和表扬，从而营造一个和谐、积极向上的讨论氛围。

四、案例教学评价总结阶段

（一）评价反馈

在任何一种教学方法实施的过程中，评价都是不可或缺的，是十分重要的环节。评价作为人类认识的一种特殊形式，既要有对客体的事实性材料加以描述和把握，又要从主体的目的、需要出发对客体做价值判断，是以事实把握为基础的价值判断过程。

评价就是对某项活动的成效进行价值判断。目前，有课程评价、教学评价和教育评价三种。课程评价是指在系统调查与描述的基础上，对学校课程满足社会需求与个人需求所要达到的程度做出判断的活动，是对学校的课程存在的现实或潜在的价值做出判断，以便不断完善课程，达到教育增值的过程；教学评价是指根据教学目的和教学原则，利用所有可行的评价方法及技术对教学过程及预期的一切效果给予价值上的判断，用以提供信息，改进教学和对被评价对象做出某种资格的证明；教育评价是指在系统、科学和全面地收集、整理、处理和分析教育信息的基础上，对教育的价值做出判断的过程，目的在于促进教育改革，提高教育质量。由此可见，三种评价都是以教育价值为依据，以促使受教育者获得发展为目的。

这三种评价都说明这样一个事实：评价的主要目的在于促进学生的发展。

第一，注重自我评价。学生参与自我评价能促使学生对自我进行多角度的思考，养成个人责任感并促进提高自我控制的能力。多给学生评价自我和他人的机会，可以帮助学生清楚地了解自己与他人之间的差异，使他们通过评价活动提高评价能力，学会掌握评价的原理、标准和方法。

第二,评价应着眼于学生全面、和谐、健康地发展,而不是用机械呆板的评价去约束学生,评价是促进学生发展的手段,而不是目的。评价应该为教学目的服务,如果把分数当作目的而不顾学生的发展就失去了评价的意义。在评价中,要用发展的眼光看待某个阶段、某件事、某个人的评价结论,承认学生潜在的可能性、可塑性和积极主动性。在确定被评价者现状的同时必须考虑他的过去和将来,用联系和发展的观点去认识、推动学生不断进步。

第三,在评价时既要考虑测量结果的量化,也要充分注重对测量对象进行定性分析。因为心理学中虽然可以将测量结果量化,但是心理测量的对象是人的心理属性及其在行为上的表现,其质的差异往往不能简单地通过量化而得到。评价可以综合采用观察法、问卷法或访谈法,而问卷法所采用的题型也可综合采用选择型或开放式的问答题型。

另外,案例教学评价对案例教学起到指引、检测、鉴别、激励等作用。然而,案例教学评价如同所有的评价一样,也是一把“双刃剑”。如果操作不当,非但不能起到积极的作用,反而会导致正常的案例教学变得混乱起来。

因此,案例教学评价在整个案例教学中的地位尤为重要。当代物理课程观指导下的案例教学的评价,不再是案例教学活动结束后的一种总结性评价,而是采用多种评价形式,渗透到整个教学活动的每个环节,是整个案例教学过程不可缺少的内容。案例教学采用发展性课程评价的方式,通过有效的评价活动,发挥评价的导向性、激励性、监控性、反馈性、教育性等功能,使教师和学生获取宝贵的反馈信息,对教与学的活动进行及时、有效的调节,从根本上促进学生的不断发展,促进教师教学能力的不断提高,促进课程的不断改进。

最后,考试题除了进一步加强对概念、定理、定义、基本原理、基本规律的考查,还应加入对综合运用部分知识的考查,应精心选编一些与生产实践和现实生活密切相关的开放性题目和案例,应体现出对物理知识的应用和创新。例如,“如何利用超声波测量海水中的声速?”“嫦娥一号探月卫星近地点的变轨目的和单螺旋轨道的原理”等,题目新颖，且与实际结合紧密，让学生通过对这些题目和案例的思考写一个案例分析报告。学生在做题过程中既能获取常识性的知识，也能提高分析问题和表达自己想法的能力，而不是一味地埋头于题海中，变成了做题的工具。

（二）后期总结

讨论后，教师根据情况可做必要的小结。实际上这个小结也可以先由学生来进行，这样不仅可以提高学生归纳和总结形成知识的内在逻辑关系和结构的能力，而且在总结的过程中可以提高他们的逻辑思维能力和语言表达能力。另外，这个环节还应该引导学生在得出正确的理论结论后反过来站在理论的高度，重新审视案例，分析案例正确应用理论的成功所在，或没有得到正确应用的理论失败之处，也可以分析在改变案例客观环境的假设条件下，可能出现的其他结果。由此使理论落实实践，使理论指导实践，这样还可以进一步加深学生对理论的理解，巩固所学的理论知识。

前面两个阶段可以体现在整门课程的教学中，也可以体现在课堂教学中；后面两个阶段针对的是课堂教学。每个教师可以根据具体情况进行适当的调整与变动。

第四节　大学物理实施案例教学的研究及分析

实施案例教学的效果分析主要通过师生访谈、调查问卷和课堂观察的方式进行。关于调查问卷，实发问卷52份，回收52份，回收率100%。

一、对于案例教学方法的认同度分析

（一）访谈分析

1.教师

在对学科教师的访谈中，她认为案例教学以案例的形式来贯穿整个教学过程，突出学生的主体作用，强调学生的自主分析能力、协作能

力、从问题出发追本溯源的能力、理论联系实际的能力以及讨论归纳总结的能力，与大学物理的教学理念和教学目标不谋而合。她还表示，在以后的教学中，仍然有兴趣继续探索这种教学方法。由此可见，将案例教学方法引入大学物理教学得到了学科教师的认同。

2.学生

根据课堂观察学生的表现，课后在对学生的访谈中了解到学生对案例教学方法能够接受并且比较满意。他们都希望教师在以后的大学物理课中更多地使用案例教学方法。由此可见，案例教学方法得到了学生的普遍认可。

(二)问卷分析

问卷第四题：你认为下列哪种教学方法更能让大家学以致用？(讲授式教学、案例教学、其他)

问卷第六题：你认为传统的大学物理教学与案例教学哪个更能培养实践能力？(传统教学、案例教学、两者差不多)问卷调查后统计，学生对案例教学运用在大学物理教学中比较认同。

二、案例教学实施过程和方法分析

(一)访谈分析

1.教师

在与学科教师的访谈中，她认为将案例教学应用到大学物理教学，让学生进行自主分析，然后融入小组讨论，这样可以保证每位学生都积极参与到案例学习中，接着通过小组讨论和班级交流，给大家提供一个互相讨论和学习的机会。相应地促进了每个人的学习，从而达到培养学生主动探究能力和互助合作能力的目的。

另外，从教师自身来说，案例教学的实施对教师提出了更高的要求，教师不仅要具备丰富的物理学基础专业知识，还应该有选择、加工案例、设计案例分析题的能力。只有熟悉了教学内容，吃透了案例，才能设计出符合学生认知发展的案例，才能用案例分析的方法，为历史上的著名创新做注解。

最后她表示，通过几个阶段的教学实验，学生的表现越来越好，只要他们熟悉了这种教学方式，知道了自己应该怎么去做，案例教学就可以取得很好的教学效果。

2.学生

案例教学进行后通过对学生的调查问卷和访谈，大多数学生发现在与同学的讨论和交流中能够得到很多启发，学到很多东西并能够改进自己的学习，有利于自身积极思考问题、分析问题并解决问题的能力。

（二）问卷分析

问卷调查前测第九题：在与同学讨论的过程中，是否能使你得到启发？

问卷调查后测第七题：案例学习过程中，先进行个人分析，再参与小组讨论，有利于个人反思，改进自己的学习。

两次的结果如表7-1所示（N代表每项选择人数，P代表选择人数在总人数中的百分比，Mean代表单项得分。Mean计算公式：Mean $=\sum a_i \cdot p_i$，式中：a_i为各等级所赋分值，"符合"赋值为3，"一般"赋值为2，"不符合"赋值为1；p_i为各等级对应百分数）。

表7-1　前后测问题各项数值比较

测试时间	符合		一般		不符合		Mean
	N	P	N	P	N	P	
前测	34	65%	10	20%	8	15%	2.48
后测	41	79%	7	13%	4	8%	2.71

从表7-1的各项数值可以比较直观地看出，学生在与同伴合作方面，后测成绩（Mean=2.71）比前测成绩（Mean=2.48）有所提升。这说明在案例教学中，"自主分析—小组合作"环节的设计的确有利于学生投入与同学的交流中，从而改进自己的学习。

三、案例教学的教学效果分析

（一）访谈分析

1.教师

案例教学方法由案例创造出所研究的物理问题情境，并且案例也会贯穿于整个教学过程,通过案例的研究和分析拓宽了学生的知识面,在案例分析的过程中培养了学生分析问题和运用知识的能力,在小组讨论和班级交流的过程中培养了学生协作交流的能力。在完成案例分析报告的过程中培养了学生概括、归纳知识的能力。案例教学通过将物理知识和现实联系起来,有助于学生对知识的理解[1]。

2.学生

案例教学在培养学生能力方面起到积极的作用,突出表现为学习兴趣的提升,概括、分析能力,协作、交流能力,理论联系实际能力等。在拓宽学生的知识面、帮助学生加深对知识的理解方面也取得了较好的效果。

(二)问卷分析

问卷调查(后测)第一题:通过案例教学,你对学习大学物理的兴趣(提高了、基本不变、下降了),提高了占79%,基本不变占16%,下降了占5%。

问卷调查(后测)第二题:案例教学有助于课内与课外、理论与实践等有机结合(能、不能、说不清),能占72%,不能占9%,说不清占19%。

(三)学生学习效果自我评价表分析

我们对学生的评价是多方面的适当的评价尝试。学生评价内容主要包括学习进步和学习兴趣的提升、学习积极性、学习效果以及综合能力的提高等。

案例教学运用大学物理教学,无论从提高学生学习大学物理的积极性、授课方式的新颖性、教学内容的丰富性还是从教师与学生在教学过程中角色的扮演等方面都要比其他的教学方法更容易向新的教学理念转变,也更容易使现代教育逐步摆脱传统的"教师—黑板—教科书—学生"的教学模式,使大学物理教学走向一个更加广阔的空间,并契合现代教育的发展趋势。

---

[1] 葛晓云:《案例教学法在高职院校物理教学中的应用探讨》,亚太教育,2015(8):32,30。

第八章　大数据视域下大学物理实验教学改革与实践研究

第一节　大学物理实验教学改革的必要性

大学物理实验教学对提高学生的科学素质、培养学生的创新精神和实践能力具有特殊的作用。在强调素质教育、呼唤加强创新人才培养的今天,已受到各级教学主管部门的重视。继“高等教育面向21世纪教学内容和课程体系改革计划”研究项目之后,2000年教育部又启动了“新世纪高等教育教学改革工程”。该工程本科教育教学改革项目中专门设立了“高等学校基础课实验教学示范中心建设标准”,旨在以此规范高等学校基础实验室的建设。“高等学校基础课实验教学示范中心建设标准”所提出的各项指标为全国高等学校物理实验教学的改革指明了方向。从21世纪各级各类高层次人才的培养要求出发,不断审视现有的物理实验教学体系,与时俱进,改革实验教学内容与模式,积极思考、勇于实践,是当前实验教学工作者的重大课题。

一、对实验室建设和实验教学的认识

高等学校实验室是实践教学、科学研究和示范推广的重要阵地,是理论联系实际,培养综合型、复合型人才的重要场所,是完成人才培养目标的重要依托,是办好我国高等教育的关键因素之一。实验室工作水平是衡量学校办学水平和综合实力的重要标志之一,实验室建设作为学校的一项基础性建设工作,是学科建设、专业建设、实验教学体系建设、课程建设、人才培养中不可忽视的一环,在培养学生的创新能力、实践能力和创业精神,在提高大学生人文素质和科学素质方面起到举足轻重的作用,在学校整体发展和改革中具有很重要的战略地位。

实验教学是大学生素质养成和能力培养的重要环节。诚然,实验

室在高等学校的作用与地位是十分重要的。中国矿业大学副校长赵跃民教授指出“实验室是大学的核心竞争力”“是一个学校办学水平和办学特色的重要标志”,这是对实验室在高等学校的作用与地位的一个高度概括。

实验室对高等学校是如此重要,各地高等学校对实验室工作也都给予了高度重视,并对实验室建设和实验教学改革进行了广泛讨论和积极探索,获得了许多成功的经验。改革实验室管理体制,充分发挥实验室的作用,提高学校办学水平和竞争力,更是新建本科地方高等学校面临的一项重要任务。

“实验室是现代大学的心脏。”实验室由过去的从属、教辅地位转变为培养学生创新精神、创新能力的重要基地,高等学校对实验室的认识提高了,投入也随之加大。但高等学校在课程设置、教学体系方面长期沿用苏联的办学模式,实验性课程和研究均隶属于理论课,因此实验性学科、专业或课程及应用研究在很长一段时间内都一直得不到应有的重视。

随着连续的高等学校扩招,地方工科院校教学工作有了较大发展,但也面临严峻挑战,如投入不足、设施紧张、师资紧缺等,使本来就相对薄弱的实验教学,更是困难重重,实验教学质量有下滑趋势。如何克服困难,保证并提高实验教学质量,是实验教学面临的实际问题。

二、扩招后高等学校实验教学面临的新问题

(一)实验室的硬件设施捉襟见肘与学生人数迅猛增加之间的矛盾

连续的扩招,在校学生总数剧增。地方院校的实验室在扩招之前,本来就不“充裕”;扩招后,在短短的几年时间内又很少扩建或新建实验室,更显得“僧多粥少”。另外,由于学生人数增长太快,许多仪器、设备不可能在短时间内得到大量补充,实验仪器、设备的数量远远不能满足实验教学的需要。原先三人一组做实验,现在五人一组甚至十人一组做实验;原先一个实验室一天安排三次实验,现在一天要安排六七次实验;特别是一些基础课实验,因为实验室少、仪器设备少而让一个班的学生轮流“加班”,从早上一直轮流“实验”到晚上的情况时

有发生。

(二)实验室的仪器设备老化与培养学生创新能力之间的矛盾

现代实验教学的主要目的不再是让学生“验证理论、培养动手能力、掌握实验技能”,而是培养学生的思维能力、科研能力和创新能力。现代实验教学客观要求从传统的观察性、操作性与分析性实验转移到设计性、系统性与研究性的实验,这必然要求高等学校实验室的仪器、设备要跟上时代步伐。但目前许多高等学校的实验室仪器、设备陈旧落后,主要体现在以下两个方面[1]。

第一,高等学校实验室的仪器严重老化,更新换代少,20世纪五六十年代的仪器设备比比皆是,特别是老学科(如物理、化学、机械等)的实验设备更是“历史悠久”。

第二,一些新学科、新办专业的实验室教学仪器、设备很少甚至没有。教师与学生都非常渴望实验教学现代化,以此来提高实验室教学的效率和质量,但却不得不面对“几十年都没改变的老设备”。在个别学校,一些新办专业甚至连最基本的专业实验都因设备的“一无所有”而“暂停”。

(三)扩招后实验师资贫乏与实验教学“独立开课”之间的矛盾

不少高等学校都在开展实验教学的“独立运动”,制订单独的教学计划与教学大纲,使实验教学从理论教学的“附属物”中“走”出来,成为与理论教学并行的教学体系。这对提高实验教学的质量、促进实验教学的科学化与现代化具有重要的意义。

但是,独立的实验教学需要数量足够、质量合格、结构合理的实验教学师资队伍,而扩招使高等学校实验教学师资队伍的“不尽如人意”更加突出;数量明显不足,学历与职称偏低、各学科与专业的实验教学人员比例不均,低龄化与老龄化严重等。要让这些实验室人员的水平马上提高绝无可能,同时要让应付理论教学都很困难的专业教师指导实验室人员不现实。面对“师少生多”的矛盾,部分地方工科院校放慢了实验教学独立化的速度,个别院校甚至完全放弃了“独立运动”,让实验教学重新回到理论教学的“怀抱”。

---

[1] 王婷:《物理师范生科学本质观建构的实践研究》,南京,南京师范大学,2021。

(四)实验教学运行无序化与管理科学化之间的矛盾

由于扩招后在校学生人数的大量增加,实验室严重不足,实验仪器、设备陈旧落后,实验师资贫乏,使实验教学的诸多环节与各方面都面临着巨大压力,实验室教学运行相当困难。在此情况下,为了实现“保证每个学生都能做到教学计划规定的每个实验”这一最基本要求,不少学校突破了常规的实验教学运行模式和教学进程,通过调整实验时间、改变实验方式等方式最大限度地利用仪器、设备与实验室。这种迫不得已而为之的措施,往往导致实验教学运行无序,违背实验教学规律,影响实验教学的质量。

(五)常规教学实验与研究实验之间的矛盾

随着高等学校学生人数的急剧膨胀,常规实验教学的任务越来越重。为了完成教学计划规定的实验教学任务,在一些学校,实验课经常被安排在晚上甚至星期六,而地方工科院校的实验室和实验仪器、设备及实验室人员,连常规实验教学任务都难以保证。高年级学生要求进实验室的越来越多,要求参与教师科研的积极性越来越高,迫切要求实验室向他们开放。同时,教师的科研实验数量越来越多、要求越来越高,需要实验室为他们提供方便、高效、快捷的服务。完成常规实验教学任务与满足师生科研实验需要的矛盾经常使实验室手忙脚乱、穷于应付,导致常规实验教学质量不能得到提高,而科研实验的要求也不能得到满足。

(六)高等学校实验教学自身存在许多问题

传统教学体系认为实验教学是对理论课的验证和理论学习的补充,实验教学的目的是加深对理论课的理解,仅把实验教学作为一个实践环节。实验课以演示、验证理论知识为主,实验课程的开设必须依附于理论教学。

传统教学体系往往对实验设置有数量要求,实验课的设置以两课时(90分钟)为单位,时间比较短。为了能够将实验控制在两个课时内完成,设置实验目的和内容往往过于简单,实验指导书非常详细具体,再加上学生又没有给予足够的重视,预习深度不够,参加实验课学习带有很大的盲目性。

实验教学手段单一，学生围着教师转，在教师统一的思路下，根据实验讲义上的步骤，按部就班地进行，测出千篇一律的数据，摘抄实验讲义上的内容，拼凑出大致相同的实验报告。这种做法使学生完全处于被动状态，压抑了学生的学习兴趣和积极性，限制了学生的创新能力。少数学生抱着敷衍了事的态度，甚至抄袭实验数据，复制实验报告。

实验课过于依附理论教学，不成体系，难以安排综合性实验和设计性实验，实验教学得不到应有的效果，不利于创新型人才的培养。

三、高等学校实验教学的改革措施

目前，大部分高等学校在短时期内不可能投入大量的物力与财力，更新大量的实验仪器设备和新建大量的实验场馆，因而实验教学只能以改革求发展。

（一）构建合理的实验教学体系

作为高等学校改革后学校办学水平和办学特色的重要标志来抓实验室建设与实验教学改革，要根据当前科学技术发展的新特点，按照构建创新人才培养模式，从注重对学生知识、能力和素质的综合培养出发，建立目标明确，结构合理、科学的独立实验教学体系；要建立不断更新和改革实验教学内容的机制，注重实验教学内容的整体优化，减少重复验证性实验，增加综合性实验、设计性实验和研究性实验；要注意对学生进行分层次实验教学，学生不仅能自由选择实验类型，而且能自主选择实验数量；要改革实验教学方法，注重发挥学生在实验教学过程中的主体作用，突出对学生实验能力、研究能力和创新能力的培养，使实验教学成为学生有效掌握和运用科学技术与研究理论的方法和途径；要充分利用现代教育技术，进行网络实验教学环境建设；要加强实验课程体系和教学内容与现代科学技术、学科前沿的结合，使学生能够接受较为完整的现代实验技能的训练。

（二）统筹规划、科学管理、整合资源，提高实验仪器和设备的使用率

高等学校扩招后，基础课实验教学承受的压力较大，矛盾较为突出。另外，一些学校基础课实验仪器、设备分散，利用率并不高，这主要是管理体制造成的。一些地方工科院校由于历史或现实的原因，以

系或部为单位，对实验仪器、设备及实验室实行分散管理。实验仪器、设备和实验室的日常管理与实验室工作人员以及日常的实验教学均由系或部负责，但实验仪器、设备的购买和实验室的维修则由学校的设备处或实验科负责。这就导致实验教学拥有多重领导，不利于实验仪器设备的统一调度和协调。对实验实行集中管理，有利于全院一盘棋，充分利用现有的实验仪器、设备，提高其使用效率。学校可以成立基础课实验教学中心或实验管理科，统集管理基础课实验教学的仪器、设备和实验室及实验人员。同时，可以调度各系（部）专业实验室中用于基础课实验教学的仪器、设备。

地方院校的实验教学可以资源共享，相邻或相近而学生又不饱和的专科学校、职业技术学院、各类中专等，是理想的合作伙伴。合作的方式多种多样；租赁实验仪器设备或实验场所、直接委托接收学生实验教学等。特别是一些研究性实验或开放性实验，完全可以委托合作伙伴进行。当然，对合作实验教学要严格管理，坚持高标准，保证实验教学质量。

（三）提高高等学校实验室师资队伍建设

提高实验室工作人员的综合素质，建设高水平的实验教学师资队伍是实验室工作的核心。实验教学对师资业务水平有着特殊的要求，主要表现为以下三个方面：①实验教师要具有比较宽广的知识面，不但要掌握多方面的学科知识，还要掌握比较广泛的现代科学仪器知识，特别是基本测试技术；②对实验室工作在教学中的地位要有深刻的认识和理解，并在工作中表现出职业道德和敬业精神；③应具备现代管理科学方面的知识。现代实验室需要实验人员是一个掌握多种科学知识与技术的多面手。

建设一支热爱实验室工作、能熟练掌握现代实验技术和对实验室进行科学管理的高水平的实验师资队伍，是确保实验室建设跨越式发展的首要因素，是确保实验教学质量、培养创新人才的关键。提高高等学校实验室师资队伍建设方面，应着重解决以下三个问题。

第一，提高实验室工作人员的地位，充分发挥实验技术人员的作用。实验师资队伍成员主要是实验教师和实验技术人员。实验技术人员不仅与实验教师一起承担着实验教学任务，还担负着实验室的管理工作。既然实验技术人员是承担实验教学任务的，就不应该人为地把实验技术人员从教师队伍中剥离出来，而影响他们的积极性和主动性。尽管这个问题不单纯是某个学校的问题，学校也没有办法彻底解决，但作为学校管理者仍然有很多实际工作可做。

第二，吸引高水平人才进实验室，鼓励教师进实验室，建设一支相对稳定的实验教师队伍。相对稳定的高水平实验教师队伍，是实验室持续发展的基本条件。

第三，注重实验室人员的培训。针对实验教学师资业务水平要求，加大培训力度，加强综合素质训练，如采取近期目标和长远规划相结合的办法，制订切实可行的培训计划，分期、分批组织实验指导教师参加实验课程培训，鼓励和支持实验室工作人员加强专业知识的学习，在职进修提高学历，晋升职称；积极开展实验教学研究，通过增加综合性实验、设计性实验、创新性实验，更新教学内容和教学手段，研制、开发新型实验教学仪器等，尽快提高业务水平。

（四）调整优化实验室组织结构，实现实验室体制创新

高等学校实验室的设置大多沿袭原来的设置方式，依托专业和教研室，按课程设置实验室，一个实验室为某门课程或某个专业服务。实验教学改革可以将专业相近的教学院（系）组成实验中心，实行实验室校院两级管理模式，这样就可以有效地进行实验设备的整合，实现资源共享，提高设备的使用率。但目前实行的合并，并没有从根本上改变旧的教学体系中实验与理论教学的完全依赖关系，实验教学内容、方法、手段及实验室管理制度等还没有进行相应的改革，实验教学质量没有得到明显的提高；实验室脱离教学体系后，还会给教学院（系）安排和组织实验教学带来诸多不便，实验室之间也经常会因教学安排发生一些矛盾。现行的实验室管理模式有必要进行改革，实验室组织结构也有待进行优化。

随着科学技术和学科本身的发展，理论和学科之间的融合交叉越来越多。把现有学科相近的实验室整合成跨院（系）、跨学科的实验中心，是提高实验室管理水平和建立高学术水平实验室的有效途径。利用建立二级学院为中心的学校管理体制改革的契机，继续深化二级学院实验中心体制和管理制度的改革，进一步把全校所有实验室资源进行整合，建设各类实验示范中心。根据新的实验教学体系的要求，按模块教学内容调整优化实验室组织结构，如可以按基础性实验、综合性实验和设计性实验分类设置相应的实验室，实现实验室体制的全面创新。

第二节　变革大学物理实验的教学理念

一、大学物理实验的重要性的认识

18世纪末，氧的发现者普里斯特利强调，“人们应当在年轻时就习惯于观察和实验过程，特别是他们应当在年轻时开始研究理论和实践，由此可以把许多以往的发现真正地变成他们自己的东西，因为这样，这些发现会让他们变得更有价值”。这些观点深刻地揭示了实验在知识的继承和创新中的地位和功能，有利于提高人们对实验教育价值的认识。

其实在科学发展的早期，把理论与实践紧密联系并成绩斐然的例子就不胜枚举。一个物理学家同时也是一个工程师，牛顿就是一个典型的例子。牛顿作为一个结构工程师所设计的木结构桥，至今仍矗立在英国剑桥大学校园里。欧拉是一个举世闻名的大数学家，也是一个对工程结构的稳定性问题做出伟大贡献的杰出工程师。

美籍华人丁肇中在获得诺贝尔奖的颁奖大会上说：“我希望通过我得到诺贝尔奖能提高中国人对实验的认识。”

物理实验的重要性，从历年来诺贝尔物理学奖的颁发情况也可得到证明。据统计，截至2021年，诺贝尔物理学奖共颁发了115次，共219人获奖，超过一半的获奖项目属于实验项目。今天，这个比例仍在不断攀升，物理实验直接影响着整个自然科学的发展。物理实验教学直接承担着学生动手能力和科学素质培养的任务，其理所应当在教学中占有重要的地位以及发挥更大的作用。

大学物理实验作为独立的必修课，既是对其学科特点的确认，也是对其重要性的肯定。作为基础实验课程，它具有基础关键性、系统衔接性、科学实用性、应用培养性等特点。这也就决定了大学物理实验教学的本质，是对大学生在基本科学方法、技能、基础科研素质和能力等方面上的养成教育，对培养适应21世纪社会经济、科技文化发展的人才具有十分重要的意义。

目前，我国经济迅速发展，市场经济对高等学校毕业生的要求发生了很大的变化，尤其要求大学毕业生应具有较强的动手能力、工作能力与较强的分析、解决问题的能力。这一切就要求高等学校教育中的实践环节有一个大的改变，要用现代教学论的基本观点来组织、指导教学。大学物理实验应遵循实验课自身的规律和体系，把物理实验从原有的辅助教学、验证实验的教学模式中解放出来，形成具有自己专业特点、专业目的的一种新型独立学科，培养学生运用实验方法和手段研究问题的能力，拓宽学生的知识面，增长学生的见识，使"大学物理实验"课程成为学生通向现代科学技术、现代社会的桥梁。

二、教学思想与教学理念的研究

（一）教学思想与教学理念

教育是千秋大业，决定着一代人的精神风貌和实际才干，是未来社会的希望。我们的教育不应只重视"死知识"的传授，要树立"为活人服务"的思想。教育工作者不应恪守老观念，要针对新形势、新情况，以人为本，研究教育的新思想、新理念。

物理实验教学是大学生首次接受系统训练的实践教学，其改革成败、教学质量、学生的学习兴趣直接影响后续实践教学，物理实验教学的改革是整个实践教学改革的关键。

爱因斯坦曾说："兴趣是最好的教师。"物理实验的重要性，教师可以通过历年来诺贝尔物理学奖的颁发情况，用数据说话，使学生认识到物理实验与其他学科之间的关系，提高学生的学习兴趣；通过物理学对现代社会生活的巨大贡献，用身边发明创造的实例说明实验的作用;或用学生认识的科学家的成长历程启发学生对实验的认知[1]。

清华名师叶企孙先生在一次课间看到李政道在自学一本不属于指定课程的参考书,看出这名学生有超群的理论天赋,就对李政道说:"你可免听我的讲课,只自学和参加大考即可,这样学习效率更高。但是实验课不能免,必须认真做。"以后,叶企孙又观照他要重视实验:"若实验不好,理论无论学得多么好,也不能给高分。"科学精神的培养是自然科学教育的重要目标。科学精神是指人们在长期的科学活动中所陶冶和积淀的价值观念、思维方式和行为准则等的总和。正如叶圣陶先生所说的:"教育真正的旨趣在于学生把教师教给他的所有知识都忘却之后,还有受用终身的东西,那种教育才是最好的教育。"这就给教育带来极大的挑战。注重研究教育思想和教育理论,通过实验教学能为学生积淀下终身受益的科学素质,这将是实验教学期待的效果。

(二)两种不同教学观的比较研究

在教育中存在两种不同的教学观,即以"学科为中心"的传统教学论和以"学生发展为中心"的现代教学论。两者在教学目的、教学方法、认知过程和师生关系等方面都有较大的差异。

传统教学论认为学生认识和掌握知识就算达到目的,注重结果,忽略过程;而现代教学论则认为,教学过程既是一个认识过程,又是一个发展过程,认识和发展是相互依赖、不可分割的。教学过程既要促进认识,完成从不知到知的过程,让学生掌握知识,更要促进学生的发展。

传统教学论把传授知识摆在首位;现代教学论则从课程设计的角度出发,认为教师不只是知识的传播者,更是课程的设计者。教师的责任是通过设计课程把学生引入学习情境,让学生亲自探求知识,完成认知过程。

传统教学论以行为主义心理学为基础,认为人的一切反应都是刺激的结果;现代教学论以认知心理学为基础,认为人的反应不仅取决于刺激,更取决于个体内部因素。学习过程主要是人的认识思维活动

[1] 樊英杰:《以工程思维能力培养为导向的大学物理实验教学改革与创新》,实验室研究与探索,2021,40(4):171-175。

的主动构建过程，是学习者通过自身原有的知识经验与外界交互活动，是获取新知识的过程。外界施加的信息只有通过学习者主动构建才能变成自身的知识。因此，教学中要强调创造情境、启发引导。

传统的教学论认为，教师是知识的拥有者和传播者，是教学活动的主角，强调教师的权威感；而现代教学论则要求教师由知识的传播者、灌输者变为学生学习的组织者、帮助者和促进者，教师将从教学活动主角变为教学活动的导演。

传统教学论着眼于学生能够有效率地继承前人的知识，掌握前人的技能，把物理实验教学作为教师传授知识、学生巩固和理解知识的辅助教学手段；现代教学论秉持以学生发展为中心的教育观，把物理实验作为发展学生个性、启迪学生创造性思维、启发学生主动获取知识、培养学生创新能力的最佳环境。

三、大学物理实验教学的变革理念

大学物理实验课程的教学改革是一项极其复杂的工作，它不仅包括教学内容与体系的改革，还包括教学方法和教学手段的改革以及学生能力和素质的培养等，是一项系统工程的工作。

观念的更新是深化实验教学改革，提高实验教学质量的先决条件。教师应更新教育观念，用现代教学论的思想指导教学实践，并注意运用心理学理论，将新的教育理念渗透课堂教学活动中，研究教学模式，指导学生时持有一份平等开放的心态，与学生增强交互性，养成终身学习的习惯。教师不仅应具有广博的物理知识、教育知识，而且应具有丰富物理实验知识和科研实践能力，力争成为现代教育的多面手。

我国每年培养的工程人才总量庞大，每年工科毕业生总量超过世界工科毕业生总数的1/3，但工程教育创新、人才培养质量等指标仍与世界水平相去甚远。在新形势和教育改革下，物理实验课程的地位应当加强而不是削弱，提高人才素质的有效途径之一是实验教学环节，教师应意识到物理实验在现代工程教育中的地位。只有加强实验教学环节，使学生更加自觉地认识知识、能力、素质三者的关系，并在实验教学过程中，注重实现传统与现代、知识与能力、技能与创新的有机结合,才能把大学物理实验课程建设成既是现代科学技术的基础课,又是学生科学素质的基础课,以拓宽学生的知识面,培养学生各方面的综合素质,使学生在有限的时间内学到更多的知识,掌握更多的技能,成为21世纪具有应用能力和创新能力的人才。

因此,让教育理念变成更加强有力的支撑,应是大学物理实验教学内容的调整、教学模式的研究、教学方法的探寻,着重体现"加强基础、理工融合、工借理势、理势工发"的指导思想,促进知识、能力、素质三者的和谐发展。其中,"工借理势"是指工科专业通过强化科学基础教育来使受教育者获得一种可以在工程实践中终身受益的理论功底、科学素养和发展后劲,而"理势工发"则是指理科专业借助强化工程背景教育来培养受教育者理论联系实际的精神和学风,从而使受教育者的理学优势能够在工程意识的引导和促进下得以充分发挥。

第三节　物理实验与学生创新能力的培养

一、创新能力的内涵

创新一般是指人的创新性劳动及其成果。从创新的大分类来看,有理论创新和技术创新。从不同的研究视角来看,创新具有广延的内涵,有社会创新、制度创新、知识创新、方法和手段创新等,但都是创新思维的成果。创新思维的形式和方法是多种多样的,狭义地说,创新思维应当没有固定的程序和方法,但是它的独创性思维并非与一般思维毫无关联,创新思维与一般思维的基本手段是一致的,只是方法与众不同,形式表现有异。一般思维的形式和方法是构成创新思维形式和方法的基础,而创新思维是一般思维形式和方法的综合性、创造性运用。

目前倡导的创新教育是以培养人的创新精神、创新能力为基本价值取向的教育。创新精神是科学精神(求真务实精神、有条理的怀疑精神、开拓创新精神)的有机组成部分,是一种高层次的智力品质,受主体的知识因素、智力因素和个性品质因素三个主要因素的影响。随着教学改革的不断深入，基础教育从应试教育向素质教育的转轨已被越来越多的人所认同。素质教育是一个综合理念，蕴含着丰富的内容，其中培养学生的创新能力是一个重要的方面。创新素质是创造性人才所应具备的素质，它包括：①具有创造性的思维，能够打破常规；②具有创新精神，崇尚创新、追求创新、勇于开创新领域；③具有创新能力，这就要求有扎实的基础知识、广博的视野、丰富的实践经验和实践能力。创新精神是创新理念在人们思想和行为上的集中表现，实践能力是指人们主观具备的条件对客观存在的因素进行改造的能力程度。创造性的思维表现在针对要解决的问题，具有意象思维和发散思维的习惯，常有直觉与灵感出现，灵活运用科学方法；创新精神则具体表现为好奇求异和质疑批判的精神，科学严谨和实事求是的精神，追根究底和冒险尝试的精神，挑战挫折和改革创造的精神；实践能力具体表现为科学观察的能力、操作控制的能力、创意设计的能力、继承借鉴的能力、革新改造的能力、信息处理的能力、知识转化的能力、合作攻关的能力、反馈论证的能力等。

虽然国内学者对创新能力的理解各不相同，但他们对创新能力内涵的阐述基本上可以划分为三种观点：

第一种观点以张宝臣、李燕、张鹏等为代表，认为创新能力是个体运用一切已知信息，包括已有的知识和经验等，产生某种独特、新颖、有社会或个人价值的产品能力。它包括创新意识、创新思维和创新技能三个部分，核心是创新思维。

第二种观点以安江英、田慧云等为代表，认为创新能力表现为两个相互关联的部分，一部分是对已有知识的获取、改组和运用；另一部分是对新思想、新技术、新产品的研究与发明。

第三种观点从创新能力应具备的知识结构着手，以宋彬、庄寿强、彭宗祥、殷石龙等为代表，认为创新能力应具备的知识结构包括基础知识、专业知识、工具性知识或方法论知识以及综合性知识四类。

虽然这三种观点的表述方法有所不同，但基本上能将创新能力的内涵解释清楚。

创新能力是民族进步的灵魂、经济竞争的核心，当今社会的竞争，与其说是人才的竞争，不如说是人的创造力的竞争。

如果这个世界没有创新能力,便不会有今日人类的文明。如果爱因斯坦、爱迪生等人没有创新能力,他们何以取得巨大的成就与收获?如果一个民族没有了创新人才,那么它便是一个落后的民族。

二、大学物理实验培养学生创新能力的功能及体现

(一)大学物理实验培养学生创新能力的教育功能

实践是创新的源泉,是人才成长的必经之路,而大学物理实验本身就是一项探索性和创造性很强的实践活动,具有培养学生创新能力的功能[1]。

1.实验的趣味性引发好奇心

好奇心是科学探索的推动力,是毅力和耐心的源泉,这是爱因斯坦亲历的经验和深邃的思考,好奇心是伴随爱因斯坦而生的心理状态。我们的物理学发展史,究其本质亦是实验物理发展史,其间成就了丰富的实验内容、实验方法与技术以及精妙的仪器设备,也涌现出许多著名的物理学家。无论是流传至今的经典实验,还是著名物理学家的生平和创造性贡献,对学生都有强烈的吸引力和熏陶作用,实验教学可充分创造良好环境与科学氛围,以实验的趣味性培养学生的兴趣和好奇心。兴趣和好奇心的种子,如果得到保护,条件一旦成熟,哪怕历经风雨,总会绽放勃勃生机,它是创新活动的内在驱动力。

2.培养科学实验能力

马克思说过:“科学是实验的科学。”科学实验是人们根据研究的目的,利用科学仪器、设备,人为地控制或模拟自然现象,排除干扰,突出主要因素,在有利的条件下获得科学事实的方法。科学实验是获取科学事实和检验科学假说、科学理论的基本手段,是科学认识不同于其他认识的根本特征,而实验的方法也是技术发明、技术创新的常规手段。

科学实验在认识过程中具有特殊作用。

第一,简化复杂的现象。自然现象是复杂的,各种因素互相交织,往往将现象背后的本质遮盖起来,应用实验方法,借助科学仪器、设备所创造的条件,排除自然过程中各种偶然的、次要的因素干扰,使我们

[1]张新怀:《在大学物理教学中培养创新人才的研究》,合肥,合肥工业大学,2007。

能够深入认识规律性、本质性的东西。

第二，使实验对象处于强化的条件中。科学实验可以创造自然界中无法直接控制或生产过程难以实现的特殊条件。例如，在超高温、超低温、超高压、高真空等条件下，研究一些物质在地球表面的自然状态下所没有的性质。

第三，运用实验方法发现自然规律和寻求新的技术方法、技术手段是可靠和经济的。从实践到认识，又从认识回到实践，需历经反复和曲折的过程，科学实践较生产实践，具有先行性、试验性、范围小的特点，是知识转化、知识推广的前提条件和必要保证。

科学实验的方法充分体现了科学研究中的辩证法与方法论，理论与实验课程共同构成高等学校的课程体系。理论与实验的关系既密切配合又相互独立，它们如同人的两条腿，相互配合、交互牵引才能走得稳、行得远，两者相辅相成才能培养出高素质的创新人才。大学物理实验教学是科学实验的模拟，科学实验方法的传承对学生能力的培养尤为重要。

3. 培养科学观察能力

观察是使观察对象与观察者的感官发生相互作用，并产生感觉图像。但是，科学观察却并不等于感官的感觉图像，波普尔、库恩等人不同意培根的“理论依赖于观察，而观察却独立于理论”之说，明确提出了“观察渗透理论”的观点。科学观察不是单纯的生理活动过程，而是属于认识领域的范围，观察要受到观察者已有的经验和所掌握的理论的影响，即观察渗透理论。爱因斯坦也曾明确指出：“是理论决定我们能够观察到的东西……只有理论，即只有关于自然规律的知识，才能使我们从感觉印象推理出基本现象。”科学观察是有目的、有选择地观察什么、详略如何，怎样组织与联系都与研究的问题有关，与观察者的理论素养有关，是客观性和主观能动性的统一。观察的客观性不仅反映在观察对象本身的“物质客观实在性”，还反映在支撑面上的客观性：①在标准条件下，观察者所得到的感觉图像（或观察数据）是能够重演的，应排除观察者的主观歪曲；②观察中渗透的理论要经受过实践的检验；③观察中使用的仪器设备和方法手段要符合科学理论原理。

大学物理实验教学就是让学生逐步学会科学选择仪器,使物理现象重现,采用合适的方法、手段进行科学观察,学习数据测量,巩固、验证已学的物理理论,探索、研究新的物理知识,这是一个理论与实践相结合的过程。

荷质比测定实验是目前不少高等学校开设的普物实验内容,仪器设计思路与老式相比还是有所改进的,由原先观察的"云斑聚成点"现象改为"竖直亮线旋转缩短聚成一点"现象,物理图象更加直观,但只有理解新设计的物理原理,才能让学生深刻地认识理论和实验的统一,体会物理思想的直观再现。

4.科学思维方法的训练

科学思维形式是多种多样的,主要有抽象思维与形象思维、收敛思维与发散思维、直觉与灵感。

(1)抽象思维与形象思维

抽象思维与形象思维是人类基本的两种思维形式,抽象思维以概念为基本要素,形象思维以意象为基本要素。抽象思维是用概念揭示事物的本质,表达认识的内容,又以概念为基础进行判断和推理,是抽象地反映客观事物本质和规律的思维活动,又称逻辑思维。形象思维是用意象揭示事物的本质,表达认识的内容,又以意象为基础进行形象的判断和推理。意象是从印象、表象这些还处于感性认识的有关事物(图像、音调、动作等)的生动形象或内心画面中,经过分析和综合而建立起来的,舍弃了个性特征而集中反映共性特征,是形象地反映客观事物本质和规律的思维活动,又称意象思维。抽象思维与形象思维共存于人脑的左右两半球和统一的思维过程中,相互渗透、相互促进。

(2)收敛思维与发散思维

收敛思维与发散思维是美国心理学家吉尔福特(J.P.Guilford)提出来的。收敛思维的特点是根据已有的理论和方法,按照严格的程序进行发散,尝试开阔思路、从不同的方面进行思考,从不同的途径进行探索。

(3)直觉与灵感

直觉与灵感是对事物规律(实质)的瞬间颖悟,都是顿悟的心理现象。直觉着重强调的是未经渐进的精细演绎推理而对规律性的快捷洞察;灵感着重强调的是在百思不得其解时对规律的顿悟。当然,直觉与灵感一般是出现在熟悉的、深入研究的领域,可以说是思维过程的简化、跳跃。

这些思维形式在人类进行科学研究与创新活动中,都是不可或缺的,它们互相联系、互相补充、互相促进,并与科学思维方法的运用紧密配合。科学思维方法有演绎方法和非演绎方法之分,演绎方法是从一般到特殊的必然性推理,而非演绎方法是分析与综合、归纳与概括、类比与联想、思想模型方法等,它们都带有不同程度的或然性、偶适性和跳跃性。

大学物理实验的原理推导、物理现象观察、实验方案设计与实施、数据记录与处理等工作,经常会用到上述的思维方式和方法,是一项手、脑并用的综合实践过程。

5.独立与合作的工作能力

经济全球化和社会化大生产,让社会分工与合作的机会越来越多。在物理实验过程中,独立与分组合作的项目都有安排,学生既有独立操作、分析和解决问题的要求,又有交流、讨论、合作攻关的机会,这样的实践活动有利于锻炼和培养学生健康的人格和良好的工作能力。

6.仪器设备与技术手段的基础性、应用性

大学物理实验的仪器设备覆盖面较广,从物理思想、仪器构造、实验方法与技巧等方面都具有基础性和发展性的特点。覆盖力、热、电、光的基本物理实验仪器的熟悉与使用,多种基本测量方法的介绍与实践,如比较法、放大法、补偿法、模拟法、干涉法、非电量电测法等;技术手段越来越重视现代化,注重综合性和应用性技术的引入,注重经典内容与现代技术的融合,如密立根油滴实验采用CCD摄像测控与计算机数据采集系统等,都充分体现了大学物理实验仪器设备与技术手段的基础性与应用性的作用。

因此,大学物理实验从科学思想、实验方法、技术手段等各个方面为创新人才的培养准备了条件,具有将诸多创新因素潜移默化、内化为个体创新能力的教育功能。

(二)大学物理实验培养学生创新能力的功能开发

教育部制定的《高等学校基础课实验教学示范中心建设标准》已规定了“提高、研究、创新型实验在全部实验项目中占有一定的比例”的要求。实际上,全国各高等学校的实验中心建设计划中,已把开设一定量的设计性研究性实验当作教学改革的重要内容。选修或提高性实验应力求设计一些与人们日常生活有密切关系、学生感兴趣的实验,而且要具有一定的综合性和难度,不是教材完整设计好的现成实验。其目的就是要培养学生初步设计实验的能力和综合运用所学知识和实验技能解决实际问题的创造力,这对于培养学生的创新素质是非常重要的。

对普通物理实验教学进行创新教育研究,充分利用物理实验所具备的培养人才创新素质的条件,将创新素质的培养融入物理实验教学任务中。

培养学生的创新思维意识,要鼓励学生进行独立思考,敢于标新立异,要启发学生从不同角度观察、分析问题,用不同的方法解决问题,并在比较中选出最佳方案,鼓励学生大胆猜想,敢于质疑,发现创新萌芽要及时予以肯定。对标新立异的想法要给予分析性的指导和支持,以养成学生科学思维、锐意创新的习惯。正如南京大学卢德馨教授在谈及物理实验时所说的:“再完美的模仿毕竟是模仿,有缺损的创造毕竟是创造。”

实验教学应从传统教学中走出来,面向21世纪,与时代特征、人才素质培养有效地结合在一起,以便更好地发挥创新教育的功能。学生从小养成的学习习惯导致他们往往忽略实践环节,对实验不重视和缺乏兴趣的现象比较普遍。这一方面说明了实验教学环节的薄弱,教师、教学有不适应现代化形势的一面;另一方面说明了物理实验教学在培养学生实践能力和创新能力方面担负着重要责任。

教师有必要对学生进行认识论、方法论以及独立实践能力的指导,对现象和问题的分析可以做变式的、由此及彼的迁移,不必拘泥于结果是否标准、唯一,应让学生意识到解决问题的方法是多种多样的,不妨多层次、多角度地培养学生思维的创新性,培养他们辩证唯物主义的世界观。

现代教育理论认为知识和能力是构成现代人才的两大根本要素，知识是能力的基础，能力是知识的体现。在一定的条件下知识可以转化为能力，运用能力即可获取新的知识，进而探索更深的知识领域。所以，物理实验教学目的应把如何培养学生获取知识放在首位，在注重获取知识的同时注意培养学生的学习能力和创造能力。

科学的创造技法是知识转化为创造力的中间环节，采用先进的创造技法，能有效地促进创造力的开发，因此教师要向学生传授有关创造学的知识。

在物理实验能力的培养方面，具体侧重以下几个方面：①根据物理概念与科学研究的要求，建立物理模型的能力；②深入观察实验现象，并运用物理理论进行判断、归纳与分析的能力；③定量研究物理规律的能力；④完成简单设计性实验的能力。注意培养学生定式思维的同时，更注重变式思维的作用，思考和解决问题时注意多途径、多方案，注重举一反三、触类旁通，从而为培养创造性思维奠定基础，使学生能够从内容和方法上都有所启发。

为提高物理实验效果，教师应注重开发具有创新因子的物理实验。物理创新实验的内涵集中体现在物理实验全新设计、物理实验原理创新、物理实验方案创新、物理实验器材创新和物理实验教学创新五个主要方面。物理创新实验要打破陋习、超越常规、突出创新，是没有固定的模式和万能的方法的。但是物理创新实验的设计思想又有其规律性，笔者从物理创新实验设计思想的六个层面上，试探性地提炼归纳出物理创新实验的六大设计原理。

1. 物理平衡原理

物理平衡原理是已知 A，欲求 B，而 B 不易直接求解，让 B 与 A 平衡，则可巧妙地求 B、A 和 B 代表物理现象、物理过程或物理量，这里的平衡可以是力平衡、热平衡、电磁平衡等，如天平称重、稳态法测导热系数、电桥平衡的诸多应用。

2. 物理转换原理

物理转换原理是已知 $B=f(A)$，要测 B，但 B 不易测，利用 $B=f(A)$ 把测 B 转换为测 A，由 $B=f(A)$ 可得 B，是间接测量的常用手段。如测定重力加速度的实验设计，可以用单摆法、三线摆、气垫导轨法等多种方法测得，均是将待测量重力加速度转换成其他若干直接测量值，通过不同的函数关系间接测得。

3. 物理比较原理

物理比较原理是若实验条件N相同，有某物理现象或物理规律K相同，若条件N不同，有某物理现象或物理规律K不同，则说明实验条件N是某物理现象或物理规律K的相关因子。例如，示波器的使用实验中，观察李萨如图形变化规律，X轴输入信号频率不变，观察Y轴信号频率改变时李萨如图形的变化规律，学习用比较法总结物理规律。

4. 物理放大原理

物理放大原理是若物理现象、物理过程不明显或物理量A太小不易测量，可以进行物理放大，使物理现象、物理过程明显，使物理量A容易测量。物理放大有力学放大、光学放大、电磁放大、热学放大和叠加放大等多种方案。

5. 物理模拟原理

物理模拟原理是指在实验室中，以相似理论为基础，模仿实验情况，制造一个与研究对象的物理现象或过程相似的模型，使现象重现、延缓或加速等来进行研究和测量的方法。一般有物理模拟、数学模拟之分，随着技术手段的现代化，物理实验的计算机模拟也加入其中。

6. 物理变换原理

物理变换原理是在物理实验改革和物理创新实验设计中创新性较高的原理，物理变换原理分为静、动变换，水平、竖直变换，平面、立体变换，放大、缩小变换，分立、一体变换，非电量、电量变换等。例如，声速的测量，将在介质中传播的动态的声波，转化为静态的驻波图像；气垫导轨实验，用垂直施力的方式验证滑块水平运动的牛顿第二运动定律；超声光栅实验，将超声池中介质空间密度的变化变换为平面的衍射图样观测；薄透镜焦距的测量，利用放大和缩小的成像，用共轭法测得焦距；RLC串联电路的特性研究，可实行分立与一体的变换，分别研究RL、RC、LC和RLC的电路特性；利用多种形式的传感器将非电量测量变换为电量测量等。

创新有法，但无定法。物理创新实验设计有技巧，但又没有固定的模式。物理创新实验的六大设计原理可成为创新实验设计的一般指导，但也不能被这六大设计原理所束缚。

实验室是创新意识和动手能力培养的摇篮，但如果实验教学未能遵循教育教学的规律，忽略了某些因素的影响，或许也会将学生的创新智慧和实验热情扼杀在摇篮中。教育学和心理学都说明，来自学习结果的各种反馈信息，对学习效果有明显的影响。表扬与奖励比批评与指责更能有效地激发学生的学习动力，学生在获得成功的体验后，自信心、主动性会更强。对于教师来说，尊重学生是一门特别重要的教育艺术，尊重学生或弱者不仅是一种美德，也是教育的要求。实验教师对学生的创新探索和主体品质都要进行积极的评价，今天的学生是明天活跃在社会各个领域的劳动创造者，唤醒他们实验的自觉性，是劳动创造的不竭动力，以宽容和大爱培养学生的动手能力，使学生在主动探究、获取知识的情感体验中享受愉悦，增强学习的动力与信心。同时，注意引导学生对实验过程进行反思的习惯，培养从正反两个方面提高学生主动获取知识、解决问题的能力。

总之，创新精神和实践能力的培养，不能偏离学科的课程教学内在要求，既要执行教学大纲的硬性规定，又要符合学科教学内容的规定。传统的基础知识是"根"，科学的实践过程是"形"，自主的创新精神是"魂"，在教学中要防止片面、教条地追求形式，防止教学思想和教学行为的创新异化现象。

三、创新教育的保障

全面发展的高素质实验教师队伍是创新教育的保障。教师富有理论和实践知识背景，富有创新精神和创新能力，才能培养出创新人才。教师不仅是知识的再现者，更应该是在教育创新过程中善于传递知识并创造性地生产知识的重要实践者。从物理实验创新教育的高度出发，物理实验教师要想真正成为知识的传播者和创造者，不仅应具备一定的学历和资历，教师自身能力的提高更是当务之急。实验教师不仅要熟知实验中相关的物理学理论、原理以及相关的实验理论，还要精通教育学、心理学，同时应善于设计、改进、自制教学仪器，能够与时俱进、终身学习。切实提高实验教师各方面的素质，创造良好的教学环境，是搞好实验教学的基础和保障。

高等学校是培养知识、能力、素养并进模式的人才摇篮，而实验室则是培养学生动手能力、创新思维的重要基地。因此，任何教学体系的建立都应在有利于学生掌握和应用最新科学知识、获得应用设计先进产品的基本技能。

进入21世纪，人才培养又有了新的内涵，面对新的形势，为培养更多适应21世纪需求的人才，必须对实验教学体系给予重新认识，并为其注入新的内容。新的实验教学体系，要围绕创新教育对人才培养的要求，既要注重纵向知识的系统性，又要注重横向知识的相互渗透；既要注重对学生的共性要求，又要注重学生的个性发展，应最大限度地挖掘学生的知识潜能，致力于学生创造性思维的培养和创新能力的开发。

第四节　大学物理实验教学元素重构

一、优化物理实验教学内容

教学内容和课程体系改革是教学改革的重点和难点。改革普通物理实验教学内容和课程体系，就是要适应当前日新月异的科技、经济和生产实际的发展水平，根据高等学校人才培养目标和人才培养模式的要求，更新教学内容，优化课程体系，不断充实生产实际技术和当代科技发展的最新成果，坚持“保证基础、加强现代、联系实际、方便教学”的原则，精简经典物理实验的内容，增加近代物理实验内容和反映现代科学技术最新成就的内容，注重学生的动手能力、创新能力及可持续发展能力的提高和培养。具体来说，应注意以下几点。

（一）合理调整课程结构

根据社会对人才的需求和实验教学改革存在的问题，对目前普通物理实验课程做适当的调整，使之更符合高等学校培养新型人才目标的需要。

1. 加强科学素养的教育，培养科学研究的基本素质

科学素养是建立在人的素质和科学素质基础上的一种高层次修养，它主要包括科学意识、科学关系观和系统观、科学能力和科学品质等。提高公众的科学素养是当前世界各国科技人员和社会普遍关注的热点之一。普通物理实验除了加强基础理论知识的理解、基本技能训练、研究方法和能力的培养，更重要的是进行科学素养和科学精神的教育。我国现行的普通物理实验教材基本上包括力学、热学、光学、电学四个部分的经典内容。这些经典物理实验教学内容由于经典物理的"绝对性""机械性"，对学生思维的影响根深蒂固。近代物理实验以其"相对性"有利于培养学生的发散思维，也有利于培养学生勇于开拓的科学素养。在物理实验教学时，不仅要加深对普通物理学某些概念、规律和理论的理解，更要通过近代物理实验教学达到经典普通物理实验教学无法比拟的科学思维方式训练效果，不断开阔学生的知识视野。

2. 进行实验课程体系改革

在实验题目的选取和编排上可进行大幅度地改动，打破以往的实验课程体系。可将大学普通物理实验分为基础型实验项目、综合型实验项目和设计型实验项目三个阶段层次，尝试由浅入深地学习内容，由给学生详细地列出实验步骤、数据表格与误差估算公式，过渡到学生自己列表格，自己进行误差分析，最后自己独立完成设计型实验。

基础型实验的目的是使学生初步掌握普通物理实验的一些基本知识，包括误差、不确定度和有效数字等基本概念及其数据的运算和处理的基本方法等。综合型实验主要训练学生各种不同的实验测量方法，使其不断总结，逐步积累、提高自己的实验知识和技能。设计型实验的目的是使学生在综合运用所学理论独立设计实验方案、科学分析和评价实验结果、拓宽现代测量技术的视野、开发智力、了解物理实验在工程技术中的应用等方面得到有益的训练，有利于培养学生的创新意识和创新能力。

（二）不断完善物理实验课程教材内容

普通物理实验课程教材内容要在保证基础实验教学的要求下，淘汰并更新与实际应用脱节的内容和测量方法，淘汰内容陈旧的验证性

实验项目,精选实验项目,并对部分经典基础物理实验进行补充和完善、改进和提高,将现代教育技术科学地融入传统的实验中,赋予基础实验新的内容,提升实验档次。在物理实验教学中也可以有选择地引进少数有使用价值的器件,并结合教学实际加以灵活运用。

保证基础实验教学,增大选做实验的比重。长期以来,很多高等学校普通物理实验存在“实验教学依附于理论教学”的现象,实验课程内容紧跟理论课内容,造成学生的应变能力较差,能力培养方面缺乏后劲。从普通物理实验这门课程的特性来说,它应当与当今科技的发展紧密联系,与不断涌现的新技术和科技产品相联系。在保证基础实验教学数量和质量的前提下,普通物理实验课程教材内容要结合当前科技发展水平,设计和增加选做实验的内容。选做实验对开阔学生的视野,拓宽其知识面起着非常重要的作用。能否开设一定数量的普通物理选做实验课,是衡量一所高等学校普通物理实验教学师资力量强弱、实验条件好坏的重要标准。根据目前的情况,在选做普通物理实验设置上应注重学生探索创新精神的培养[1]。

(三)做好大学普通物理实验与中学物理实验内容的衔接

充分考虑学生物理实验基础,解决好中学物理实验与大学普通物理实验的衔接问题。在对传统大学普通物理实验进行认真研究的基础上,结合学生在中学阶段所掌握的实验基础知识和技能,对传统的普通物理实验内容进行适当地调整。应当根据以下原则对实验课的内容进行删减改动,以解决中学物理实验与大学普通物理实验的衔接问题。

第一,删除传统中学阶段的学生已经掌握的实验项目,如单摆测重力加速度、伏安法测电阻等。

第二,对保留下来的中学阶段已经接触到的实验进行改造,如把“动量守恒定律的验证”改成“动量守恒定律的研究”,把原来验证型实验改成探索型实验,用新的科学知识和现代测量技术丰富实验内容。

第三,增加设计型实验。设计型实验是由教师先提出实验要达到的目标,然后由学生自己设计实验方案,自己完成整个实验过程。同

---

[1] 张英落:《物理师范生学科教学能力的调查研究》,开封,河南大学,2017。

时考虑学生的知识水平，拟定的设计型实验都是学生力所能及的，涉及的知识都是学生学过的，所用的仪器设备都是学生会使用的。

二、构建新型的物理实验教学模式

在教育中存在两种不同的教学观：一种是以“学科为中心”的传统教学论，另一种是以“学生发展为中心”的现代教学论。二者在教学目的、教学方法、认知过程、师生关系等方面都有较大的差异。传统教学论把传授知识摆在首位，而现代教学论则从课程设计的角度出发，认为教师不仅是知识的传播者，更是课程的设计者，教师的责任是通过所设计的课程把学生引入学习的情境中，然后学生进行自我学习、亲自探究知识，完成认知过程。在普通物理实验教学中，以现代教学论为指导，我们应探索有利于培养学生的创造性思维、动手能力、创新能力、独立观察和分析实验现象的能力以及独立解决问题的能力的新型实验教学模式。

学生认为普通物理实验教学应采取的教学形式排序如表8-1所示。

表8-1　学生认为普通物理实验教学应采取的教学形式排序

问题	人数	排序
启发式实验教学形式	317	1
探索式实验教学形式	276	2
学生自主设计式实验教学形式	210	3
传统实验室实验教学形式	113	4
其他	0	5

通过对学生调查可以看出，在普通物理实验教学中，启发式实验教学、探索式实验教学、学生自主设计式实验教学、传统实验室实验教学依次为学生所倾向的教学形式。在普通物理实验教学中，要科学地采用多种教学形式，特别是学生所喜欢的实验教学形式来进行教学。

(一)采用启发式实验教学

启发式实验教学是指教师依据教学目标,从学生的年龄、心理特征、知识基础、认知结构等实际基本情况出发,采用各种生动活泼的方法,引导学生积极思维,使学生主动地获取知识、发展智能的一种积极双向的教学方法。启发式教学方法是我国教学思想的精华,它同时体现了“教师的主导作用”和“学生的主体作用”,并强调以学生的主体作用为主。教师的主要任务是引导学生发现问题、分析问题、解决问题,培养学生自主学习、自主锻炼、发展独立思考能力和创造能力,从普通物理实验教学的社会、心理方法、教育等多重原理出发,注重学生在理论知识、实验技能、学习兴趣等方面的培养,把握好学生的主动性、差异性、潜在性、全体性原则。普通物理实验教学中,教师起到组织、启发、引导的主导作用,充分发挥学生的主观能动性。进行启发式教学的基本步骤是教师设置问题情境,让学生分析、摸索、质疑,教师根据学生反映提供方法上的引导,学生再进一步探索,如此反复,直至问题解决。

在普通物理实验教学中进行启发式教学,首先,要提出一些问题对学生进行诊断性评价,以了解学生对知识内容掌握的程度,并在教学过程中实现学生对理论知识与实验技能的强化、矫正和定位。其次,要利用程序设计技术,对学生的知识掌握和实验技能状况进行详细记录,并对照实验教学目标对其进行形成性评价,并采用相应的教学措施指导学生完成实验教学任务。最后,利用程序设计技术设计问题,先向学生提出问题,等待学生回答,根据学生回答情况再向学生提供必需的仪器设备、实验条件信息等。

(二)采用探索式实验教学

探索式实验教学是指遵循学生学习物理学科的特点,强调从学生已有的生活经验和知识出发,让学生亲身经历或者教师积极为学生创设物理情境,提出研究课题的实验教学方法。在普通物理实验教学中进行探索式实验教学,一般是在学生完成教学大纲的基本内容后,教师可根据学生的知识水平和实际能力有目的地针对某些实验创设情境,启动思考,提出问题,拓宽学生进一步思考、学习、研究的空间。在教学过程中，教师要鼓励学生提出猜想假设，设计实验方案，相互交流，相互研讨；教师与学生之间也可以开展讨论、交流，分析结果，归纳结论，实现教学相长、共同进步。

在普通物理实验教学中进行探索式教学，可以针对某一实验和教学要求制作一些导学卡片，内容主要包括实验的基本原理，主要仪器的使用方法，操作过程中的注意事项，实验要解决的主要问题。在实验过程中，要让学生主动发现问题，解决问题，使学生通过自主学习，获取知识。在这一过程中，教师的作用是及时启发引导学生，为学生提供解决问题的线索。

（三）采用设计式实验教学

设计式实验教学是指先由教师向学生提出实验要达到的目标，然后由学生运用自己所学习过的理论知识和已掌握的操作技能设计实验方案，并在教师的指导下修改完善方案，最后学生根据自己设计的方案进行实验，实现教师提出的目标。

在普通物理实验教学中进行设计式实验教学，教师的作用主要是提出要达到的教学目标，积极预测实验过程中学生可能遇到的问题和困难，并及时为学生提供必要的指导和帮助，最后组织学生总结实验方案，评价实验结果。

三、提升物理实验教师的素质

国运兴衰系于教育，教育兴衰系于教师，知识经济时代的教育，提倡培养创新型人才，实验教学是教育的一个不可忽视的环节，它同样呼唤着高素质的实验教师队伍。要改善新建本科院校普通物理实验教学效果，必须提高普通物理实验教师的素质。新建本科院校要从以下几个方面着手提高普通物理实验教师的素质。

（一）更新观念，充分认识普通物理实验教师在物理学教育中的重要地位和作用

没有一流的物理实验室，就不能培养一流的物理人才和创造高水平的科技成果，而没有一支高水平的专业化普通物理实验教师队伍，想要建设一流的物理实验室是不可能的。我们要充分认识到普通物理实验教师队伍在整个物理教育中的地位和作用，不要把普通物理实

验教师看成教辅人员，要把他们看成物理教育的一支重要力量；要充分认识到普通物理实验教师对培养物理创新意识和创新人才的重要作用；要重视普通物理实验教师队伍的建设，引进高层次人才，补充缺口，改善学历结构和年龄结构，提高普通物理实验教师的整体教学水平。

（二）加强对普通物理实验教师综合素质的培养

在高等教育中，实验教师是教学和科研工作的中坚力量，提高他们的专业知识水平和综合素质能力，将有力推动教学和科研工作。同样，提高普通物理实验教师的专业知识水平和综合素质能力，也能有力提高普通物理实验教学效果。因此，普通物理实验教师必须具有多方面的能力，包括教学科研常用仪器的使用、维护和保养能力，实验室建设和管理能力，新实验项目和自制教具的设计能力，参加科研工作和实验技术的研究能力，编写实验讲义与撰写实验技术论文的能力，指导学生所必需的实验技术操作能力，处理实验过程中突发事件的能力。此外，计算机多媒体技术的发展，为教学和科研提供了先进的技术平台，实验教师还要学习和掌握多媒体技术，并拥有将其运用于教学中的能力。普通物理实验教师要加强自身建设，认清自己在教学科研工作中的地位和作用，充分发挥主观能动性，努力学习、刻苦钻研，全心全意搞好教学、科研、管理工作。

（三）建立一个既和谐又具有竞争性的实验教学环境

实验教师是实验教学中最具活力的因素。多数普通物理实验教师由于缺乏继续教育培训的机会，对先进的教育理论知之甚少。进行教学改革的前提是教师转变观念，要使普通物理实验教学焕发活力，提高其教学效果，每位教师都应树立现代教学的理念，在普通物理实验教学中体现创新教育、主体教育、开放教育的理念，使普通物理实验教学建立在以学生为中心，以创新能力的培养和提高为目的的基础上。学校要有计划、有目的地加大普通物理实验教师的进修与培训力度，鼓励他们学习现代教育理论和现代教学理论。学校还应采取各种措施，促使普通物理实验教师主动地进行实验教学方法的探索，并使其根据实验教学内容的特点，采用多种行之有效的教学方法，提高学生进行物理实验的兴趣。

(四)普通物理实验教师要提高自身的综合素质

普通物理实验教师要提高自身的综合素质应从以下四个方面着手。

1. 提高认识,把普通物理实验课摆在重要位置上

在认识方面,要从思想上真正认识到普通物理实验课的重要性,切实将实验教学放在重要位置上。普通物理实验教学是普通物理学教育的重要组成部分,绝不是普通物理学教学的一种辅助手段。普通物理实验教师应积极探索适合不同教学内容的实验教学模式,鼓励学生积极地参与实验的准备、操作和研讨,努力提高实验教学效果。

2. 注重再学习,提高自身素质

随着高等教育改革的发展,有利于素质教育发展的实验教学地位变得越来越重要,普通物理实验教学对教师的要求也越来越高。普通物理实验教师应加强自身实验能力的提高,了解科学技术的发展,除了教材上的实验,还要能够引导学生多做些比较典型的、与当代科技发展联系紧密的实验,要求自己参加实验技能的学习和再培训。

3. 潜心钻研先进的教育理论,改进实验教学方法

在新的教育理念指导下,普通物理实验教师需要学习先进的教育教学理论以指导自己的教育实践。在教学过程中,教师要根据学生发展的需要,适当地运用教育学、心理学理论知识,研究行之有效的实验教学方法,真正有效地提高普通物理实验教学的质量。

4. 熟练掌握计算机技术

普通物理实验教师要紧跟科技发展的步伐,熟练掌握现代化的多媒体辅助教学技术,将所获得的物理信息数字化,充分利用互联网上的信息资源,将多媒体技术与网络技术有机地结合起来;要能够利用现代化的多媒体网络技术,汇集普通物理学知识,提供普通物理学科学研究的前沿资料和信息,创设普通物理实验教学的协作情境;在网络上建立普通物理实验教学平台,为学生提供交流观点、设计实验、发表评论的公开论坛,培养学生发现问题、解决问题的能力。

四、建立完善的物理实验教学配套措施

实验室是高等学校三大支柱之一，认真加强实验室建设，实行科学化、规范化管理，使实验室工作更好地为教学、科研和科技开发三大中心任务服务，是高等学校的一项非常重要的基础性工作。同样，只有做好普通物理实验室的建设和管理工作，才能为学生提供高起点、高质量的普通物理教育。

（一）改革实验室管理体制，健全实验室管理制度

第一，要加强普通物理实验室管理系统内的管理结构、层次划分、隶属关系、管理方式等方面的建设和改革，综合考虑实验室的设置和归并工作，使实验室的建设和管理科学化、规范化，充分发挥实验室的效能。原则上普通物理学一个二级学科设一个基础实验室，不重复设置实验内容相近的基础实验室。这样，能够通过理顺关系和明确分工把实验室的管理与使用、责任与权力一并使用起来，从而提高常用仪器设备和大型仪器设备的利用效率，增强实验教师的教学积极性。

第二，对仪器设备，要做到统一调配和管理。改变原来根据课程设立实验室的旧管理体制，打破“小而全，实验室归属教研室”和实验水平不高的局面，同时可以避免相同实验仪器设备的重复购置和仪器设备经费的浪费，从整体上提高实验室的运作效率。

（二）开放普通物理实验室，利用现代教育技术手段进行开放式实验教学

开放实验室是进行开放式实验教学的前提和重要内容。开放实验室包含两层含义：①学生进入实验室的时间点开放，学生可以随时进入实验室做实验；②学生做实验的单次时数开放，也就是每项实验在时间长短上没有限制，每个学生可以根据自己的实际情况进行实验，不同学生做实验的时数不等。具体地说，学生可以到实验室进行预习，实验技能不强的学生可以反复操作，实验结果不理想的学生可以重做实验，实验能力强的学生可以进行深入的实验探索研究。在普通的物理实验教学中，善于运用现代教育技术手段，改变传统的“实验一定要操作”的观念，认识性实验运用计算机虚拟实验，不仅可以提高实验结果的精确度，还可以缓解实验设备不足的问题。用现代教育技

术手段辅助实验教学，如幻灯片、录像、CAI、计算机软件、网络等，可以提高效率、节省人力。

学生对进行开放式普通物理实验教学的认识如表8-2所示。

表8-2　学生对进行开放式普通物理实验教学的认识

项目	你认为进行开放式普通物理实验教学能否大幅提高其教学效果？		
	能	基本能	不能
人数	287	61	0
百分比(%)	82.5	17.5	0

调查表明，认为开放式普通物理实验教学能大幅提高其教学效果的有287人，占调查总数的82.5%；认为基本能提高其教学效果的有61人，占调查人数的17.5%；没有认为不能提高其教学效果的学生。通过对学生的调查可以看出，所有参加调查的学生都认为开展开放式普通物理实验教学能够大大提高普通物理实验教学效果。

(三)立足现有设备，进行教学内容更新

充分利用现有的仪器设备，对普通物理实验教学内容进行更新或改造，最大限度地提高仪器设备的利用率和使用率。在普通物理实验中，有的仪器设备可以“一机多用”，有的仪器设备是多个实验的平台。我们既可以利用原有仪器设备开发新的实验，也可以利用现代新技术改造旧实验。例如，声音的传播需要介质的实验中，原来操作稍显复杂的小电铃做声源可以用手机代替，操作起来也更方便。

五、开展物理实验教学评价改革

针对目前普通物理实验教学评价中存在的问题，进行基于创新教育思想指导下的实验教学评价改革，调动教师教和学生学的积极性，将为普通物理实验教学改革取得成功奠定坚实的基础、提供可靠的保障。

(一)树立科学考试思想，采取多种考试形式

第一，重视发展，淡化选拔和甄别，实现考试功能的转化。普通物理实验教学的评价功能不仅是为了检查学生知识、技能的掌握情况，

更重要的是为了关注学生掌握知识、技能的过程与方法。评价的重点不在于甄别，而在于如何发挥评价的激励作用，关注学生成长与进步的状况。

第二，注重综合评价，关注个体差异，实现考试内容的综合化和评价指标的多元化，即从过分关注学生实验成绩逐步转向对综合素质的考查，重视课本知识以外的综合素质发展，特别是创新、探究、合作与动手实践能力的发展。

基于上述考试思想，根据普通物理实验特点和实验考试的目标，选择不同的实验考试形式，采用几种实验考试形式的组合，使考试更有效、更全面。根据普通物理实验教学特点，可将其考试方法分为四种类型，即常规型考试、综合型考试、设计型考试、创新型考试，其具体内容如表8-3所示。

表8-3　普通物理实验教学可采用的考试方法

考试类型	考试形式
常规型考试	笔试（开卷、闭卷）、口试、课程实验操作
综合型考试	专题综合性实验、专题大作业、专题讲座、专题调查研究
设计型考试	案例分析、专题设计性实验、专题实验设计
创新型考试	科研课题实验、自主性研究实验、小论文、自主性实验设计、创新性实验

上述考试形式可根据普通物理实验教学的特点，针对学生的不同学习阶段采取相应类型的考试形式。例如，学生在低年级阶段，可进行笔试、课程实验操作等常规型考试；在较高年级阶段，可进行专题大作业、专题综合实验等综合型考试；在高年级阶段，可进行专题设计性实验、撰写小论文、创新性实验等设计型考试和创新型考试。

（二）设计体现创新特点的笔试题型，激发学生的创新意识和兴趣

根据不同的标准，可将试题分为客观性试题和主观性试题。客观性试题包括简答题、是非题、填空题、选择题、配对题、排列题等。主观性试题包括作文题、论述题、自由反应性试题等。无论是客观性试题还是主观性试题，都有利有弊。在拟定普通物理实验教学笔试试题时，要充分认识不同类型试题的特点，根据考试目标，灵活选择考试内容和考试题型。

（三）构建普通物理实验教学新型评价模式和体系

强调参与和互动，自评与他评相结合，实现评教主题的多元化。普通物理实验教学教师评价应打破以督导组、学生为主体的单一评教模式，逐步形成由督导组、学生、管理者、实验教师及专业研究人员共同参与的交互过程，这也是普通物理实验教学过程逐渐民主化、人性化发展进程的体现。

普通物理实验教师评价指标体系中设置实验准备、教学内容、教学方法、教学态度、实验效果六项一级评价指标，我们可以将六项一级指标细分为多个具体指标作为二级指标。这些指标的设置必须较全面地再现和反映教师实验教学过程中的实际状况，能客观地评价教师的教学能力和水平。

随着整个实验教学改革和教学理论的发展，新创立的本科院校普通物理实验教学取得了一定的成绩，但还有许多问题和不足。本书从一个较偏面的视角，在对几所新建本科院校普通物理实验教学现状调查的基础上，分析了普通物理实验教学现状存在的问题，提出了解决这些问题的对策。要改革当前普通物理实验的教学现状，仍需广大普通物理实验教师和实验教学工作者加强对普通物理实验教学的研究，构建普通物理实验教学体系的过程应该成为推动高等学校进行素质教育发展的过程。相信在普通物理实验教学工作者的共同关注和努力下，完善的普通物理实验教学体系必将在提高学生的动手能力，培养学生的创新精神等方面做出更大的贡献。

参考文献

/ REFERENCES /

[1]樊鸥.翻转课堂教学模式有效性研究[D].哈尔滨:哈尔滨师范大学,2021.

[2]樊英杰.以工程思维能力培养为导向的大学物理实验教学改革与创新[J].实验室研究与探索,2021,40(4):171-175.

[3]伏振兴.物理基础教学改革研究[M].银川:阳光出版社,2019.

[4]傅岩,吴义昌.教育学基础[M].2版.南京:南京大学出版社,2019.

[5]高兰香.大学物理有效教学的理论与实践研究[D].上海:华东师范大学,2011.

[6]葛晓云.案例教学法在高职院校物理教学中的应用探讨[J].亚太教育,2015(8):30,32.

[7]龚玉姣.混合学习模式在大学物理实验中的应用研究[D].长沙:湖南大学,2011.

[8]韩彩芹.工科大学物理实验开放性教学的探索与实践[D].南京:南京师范大学,2006.

[9]胡晏崎.师范院校物理系学生学情调查研究[D].上海:上海师范大学,2018.

[10]姜蓉.大学物理实验网络辅助教学平台的探究与实践[D].长沙:湖南大学,2014.

[11]兰明乾.信息技术环境下大学物理课堂中探究式教学的研究[D].重庆:西南大学,2008.

[12]刘焕欢.自主学习能力导向的支架式教学活动设计与实践研究[D].兰州:西北师范大学,2021.

[13]刘晶.大学物理实验课程学生学习现状调查研究——以S大学为例[D].上海:上海师范大学,2017.

[14]刘琦.基于学本评价的翻转课堂教学效果的实证研究[D].西安:陕西师范大学,2018.

[15]刘小国.信息技术环境下的中学物理探究式教学模式的研究[D].南京:南京师范大学,2011.

[16]刘毅,王振力.应用型本科院校大学物理课程模块化教学改革研究[J].职业技术,2017,16(10):87-88,91.

[17]刘禹轩.案例教学法在物理教学中的应用探究[D].哈尔滨:哈尔滨师范大学,2021.

[18]舒峥.基于建模的大学物理实验微课的教学实践研究[D].上海:华东师范大学,2018.

[19]田雪晴.基于JiTT的同伴教学法在大学物理教学中的应用研究[D].武汉:华中师范大学,2016.

[20]王帆.推动实践与创新创业能力培养——云南大学实践教学与创新能力培养优秀论文集[M].昆明:云南大学出版社,2021.

[21]王婷.物理师范生科学本质观建构的实践研究[D].南京:南京师范大学,2021.

[22]王幸丹.基于知识建构理论的教学模式设计与实践研究[D].上海:华东师范大学,2018.

[23]王祖源,张睿,顾牡,等.基于SPOC的大学物理课程混合式教学设计与实践[J].物理与工程,2018,28(4):3-19.

[24]徐峰.新时期中国大学物理教育发展史的研究[D].哈尔滨:哈尔滨工业大学,2014.

[25]杨瑞,杜立国.地方本科院校大学物理教学改革模式探究[J].大庆师范学院学报,2018,38(3):129-132.

[26]杨圆.应用型本科院校的大学物理课程开放式教学改革探索[J].教育教学论坛,2018(30):104-105.

[27]张新怀.在大学物理教学中培养创新人才的研究[D].合肥:合肥工业大学,2007.

[28]张艺馨.专业学位“物理案例教学”的研究及实践应用初探[D].上海:

上海师范大学,2018.

[29]张英落.物理师范生学科教学能力的调查研究[D].开封:河南大学,2017.

[30]周志坚.大学物理教程[M].成都:四川大学出版社,2017.

[31]朱学林.物理学——工科高职教育中重要的基础学科[J].科技信息(学术研究),2008(19):123-124.